大学数学

概率论与数理统计

（第2版）

李林曙　施光燕　主编

国家开放大学出版社·北京

图书在版编目（CIP）数据

大学数学.概率论与数理统计/李林曙，施光燕主编.—2版.—北京：国家开放大学出版社，2021.1（2023.10重印）
ISBN 978-7-304-10699-7

Ⅰ.①大… Ⅱ.①李… ②施… Ⅲ.①高等数学—开放教育—教材 ②概率论—开放教育—教材 ③数理统计—开放教育—教材 Ⅳ.①O13 ②O21

中国版本图书馆 CIP 数据核字（2020）第 272589 号

版权所有，翻印必究。

大学数学　概率论与数理统计（第2版）
DAXUE SHUXUE　GAILÜLUN YU SHULI TONGJI
李林曙　施光燕　主编

出版·发行　国家开放大学出版社	
电话　营销中心 010-68180820	总编室 010-68182524
网址　http://www.crtvup.com.cn	
地址　北京市海淀区西四环中路 45 号	邮编：100039
经销　新华书店北京发行所	
策划编辑：王　可	版式设计：何智杰
责任编辑：王　屹	责任校对：张　娜
责任印制：武　鹏　马　严	
印刷　唐山嘉德印刷有限公司	
版本　2021 年 1 月第 2 版	2023 年 10 月第 6 次印刷
开本　787mm×1092mm　1/16	印张：11　字数：244 千字
书号　ISBN 978-7-304-10699-7	
定价　22.00 元	

（如有缺页或倒装，本社负责退换）
意见及建议：OUCP_KFJY@ouchn.edu.cn

第 2 版前言

《大学数学》这套文字教材是国家开放大学基础课改造工程中"数学课程整合"教学改革的阶段性成果,遵循"科学性、应用性、开放性;模块化、信息化、一体化"的课程建设和改革原则,体现了开放教育的特色.

为了实现开放大学应用型人才的培养目标,本套教材在教学内容的选择和编排上做了一些大胆的尝试.在保证知识结构的系统性和内容表述的准确性的前提下,本套教材适当简化了理论推导和定理证明,把重点放在对数学思想的理解和数学方法的运用上,希望让学生在短时间内了解大学数学中最基础、最精华的部分,具备基本的数学素养与能力,为学习后续课程和今后工作打下必要的数学基础.同时,本套教材还强调数学在其他学科及日常工作和生活中的应用,通过典型案例,培养学生运用数学知识分析和解决实际问题的能力."开放性"和"模块化"使得本套教材具有更广泛的适应性,它不仅可以满足不同专业、不同层次学生的学习需要,而且为进一步补充、完善内容体系提供了可能."信息化"和"一体化"体现了本课程教学媒体的多样性与教学手段的灵活性,这从客观上为学生开展自主学习创造了有利条件.

本套教材第 2 版是在第 1 版的基础上修订完成的,主要改动有以下几方面:

(1)考虑到本套教材目前主要供工科土木工程专业(本科)的学生使用,因此,按照教学计划,删除了多元函数微积分的内容,只保留了线性代数和概率论与数理统计部分.

(2)适当删节了一些过于复杂的练习和习题,以期进一步压缩篇幅,减轻学生的学习负担.

(3)修改了第 1 版中的部分文字表述,订正了其中出现的错误.

本套教材第 2 版分为两册:《线性代数》和《概率论与数理统计》,具体编写分工如下.

《线性代数》:施光燕编写第 1 章和第 4 章;赵坚编写第 2 章;李林曙编写第 3 章.

《概率论与数理统计》:顾静相编写第 1 章;陈卫红编写第 2 章;张旭红编写第 3 章.

此外,赵佳、常会敏博士分别参与了《线性代数》和《概率论与数理统计》的修订工作.

国家开放大学出版社邹伯夏、陈蕊、王可、董博编辑为本套教材的出版付出了辛勤劳动,在此对他们表示衷心的感谢.

限于编者水平,书中的不足之处在所难免,敬请广大师生与读者批评指正.

编 者

2020 年 10 月

第1版前言

《大学数学》这套文字教材是中央电大基础课改造工程中"数学课程整合"教学改革的阶段性成果.

我们知道,大学数学课程的改革是高校教学改革的重点,特别是在大学数学如何满足不同规格层次、不同专业科类的需要的改革上,更加困难.随着中央电大人才培养模式改革和开放教育试点的开展,电大专科和专科起点本科的理工、文经类专业相继开出,中央电大数学课程的教学改革同样成为十分重要和紧迫的工作.为配合试点工作,深化以人才培养模式改革为核心,以教学内容和课程体系改革为重点的教学改革,中央电大从1999年起,与试点工作同步启动了中央电大基础课改革工程,"数学课程整合"便是其中的一个重点项目.

为搞好大学数学课程的建设,项目组经过较长时间的调研和教学实验,确定了"科学性、应用性、开放性;模块化、信息化、一体化"的课程建设和改革原则.

①科学性:通过数学大师和数学教育家的联合把关,确保数学课程教学内容的准确无误,并在此基础上,充分考虑各类大学生在数学基本素养和能力的培养上应有的要求,以调整和改革人才培养的知识、能力和素质结构.

②应用性:坚持"必需、够用"的原则,在保证学生数学基本素养和后续课程需要的前提下,强调数学方法的掌握、计算能力的培养和数学建模的训练,注重数学在各有关学科,特别是在社会经济生活和工作实际中的应用,注重典型例子的选取和案例教学,全方位提高学生的数学实践和应用能力,以实现电大应用型人才的培养目标.

③开放性:教学内容的可选择性是远程开放教育的重要特征.本教材在教学内容的选择上,力求在尽可能大的范围内适应不同类别、不同专业、不同层次和不同水平学生的需要.既考虑电大内部各类学生的需要,也考虑社会各种办学形式的需要;既考虑当前专业教学之急需,也考虑学科发展与学生未来知识更新、拓宽视野的需要.在教学内容的选择、阐述和教学媒体的设计等方面留有充分的开口和接口.

④模块化:为体现"科学性、应用性、开放性"的原则,在内容的选择上,将大学数学基本内容按照多元函数微积分、线性代数(行列式、矩阵、线性方程组、二次型)、概率论与数理统计(概率论、数理统计)三大部分进行模块化设计、编排,使这套教材具有更好的模块组合能力、更大的可选择性和更广泛的适应性.按照教学计划,这些模块的具体安排如下.

经济管理类(专科起点本科):多元函数微积分、线性代数、概率论与数理统计.

工科水利水电工程专业(专科):高等数学(2)、概率论与数理统计.

计算机数学基础(A)(工科计算机应用专业(专科)):多元函数微积分(多元函数微分、多元函数积分)、线性代数(行列式、矩阵、线性方程组)、概率论与数理统计(概率论、数理统计).

工科土木工程专业(本科):线性代数(行列式、矩阵、线性方程组、二次型)、概率论与数理统计(概率论、数理统计).

⑤信息化:充分应用现代信息技术和教育技术进行本课程的设计和开发.根据课程目标要求和各模块特点,发挥现代远程教育媒体手段的教学功能和技术实现优势,采用文字、音像、CAI课件、计算机网络等多种教学媒体和手段实施课程教学,使本课程教学媒体更为丰富、教学方式和方法更为灵活、学生的学习更具自主性.

⑥一体化:按照现代教育理论和教学设计思想,对课程选择的多种教学媒体进行优化设计,使各种不同的教学媒体根据其不同的教学功能和特点,在远程教学中发挥出应有的作用,力争达到各媒体间密切配合、优势互补、导学、助学、整体化、一体化的优良教学效果.

按照上述原则,在众多专家直接指导下,课程组做了大量工作.《线性代数》由大连理工大学施光燕教授编写第1、4章,中央电大李林曙教授编写第3章、赵坚副教授编写第2章;《概率论与数理统计》由中央电大顾静相副教授编写第1章、陈卫宏副教授编写第2章、张旭红副教授编写第3章;《多元函数微积分》由中央电大周永胜编写,大连理工大学施光燕教授、中央电大李林曙教授担任本套教材的主编,首都师范大学石生明教授担任主审.赵坚副教授和张旭红副教授协助主编分别在《多元函数微积分》《线性代数》和《概率论与数理统计》的统稿中做了大量工作.

在此,特别感谢主审专家石生明教授和审定专家:北京师范大学杨文礼教授、北京大学姚孟臣副教授,他们在教材编写过程中,自始至终给予了认真、细致的指导,提出了许多宝贵意见;中央电大出版社何勇军副编审也为本书的编辑出版付出了不少心血,特别是在本书的版式工艺教学设计上提出了许多很好的建议,在此一并表示感谢.

教学改革需要各位同学、教师和读者的共同参与,我们的工作一定有不尽如人意的地方,我们真诚地期待大家的使用反馈意见,以便再版时及时改进,切实推进以人才培养模式改革为核心、教学内容和课程体系改革为重点的教学改革.

数学课程整合项目组
2002年7月

目　录

第1章　随机事件与概率 …………………………………………… (1)

1.1　随机事件 …………………………………………………………… (1)
　　练习 1.1 ……………………………………………………………… (7)
1.2　随机事件的概率 …………………………………………………… (8)
　　练习 1.2 ……………………………………………………………… (14)
1.3　随机事件概率的计算 ……………………………………………… (15)
　　练习 1.3 ……………………………………………………………… (23)
1.4　伯努利(Bernoulli)概型 …………………………………………… (23)
　　练习 1.4 ……………………………………………………………… (27)
习题 1 …………………………………………………………………… (28)
学习指导 ………………………………………………………………… (29)
自我测试题 ……………………………………………………………… (40)

第2章　随机变量及其数字特征 …………………………………… (44)

2.1　随机变量及其分布 ………………………………………………… (44)
　　练习 2.1 ……………………………………………………………… (53)
2.2　随机变量的数字特征 ……………………………………………… (54)
　　练习 2.2 ……………………………………………………………… (58)
2.3　几种重要的分布及数字特征 ……………………………………… (59)
　　练习 2.3 ……………………………………………………………… (67)
2.4　二维随机变量 ……………………………………………………… (68)
　　练习 2.4 ……………………………………………………………… (72)
*2.5　中心极限定理 ……………………………………………………… (73)
　　练习 2.5 ……………………………………………………………… (77)

习题 2 ·· (77)
学习指导 ·· (78)
自我测试题 ·· (89)

第 3 章 统计推断 ·· (91)

3.1 总体、样本、统计量 ··· (91)
    练习 3.1 ·· (94)
3.2 抽样分布 ·· (94)
    练习 3.2 ·· (99)
3.3 参数的点估计 ··· (99)
    练习 3.3 ·· (106)
3.4 区间估计 ·· (106)
    练习 3.4 ·· (112)
3.5 假设检验 ·· (113)
    练习 3.5 ·· (121)
3.6 $1 \to 1$ 的回归分析 ·· (122)
    练习 3.6 ·· (129)
习题 3 ·· (130)
学习指导 ·· (131)
自我测试题 ·· (140)

参考文献 ·· (143)

附录 1 标准正态分布数值表 ·· (144)

附录 2 t 分布的双侧临界值表 ·· (146)

附录 3 χ^2 分布的上侧临界值表 ·· (148)

附录 4 F 分布的临界值(F_α)表 ·· (150)

参考答案 ·· (160)

第1章 随机事件与概率

学习目标

1. 了解随机事件、频率、概率等概念.
2. 掌握随机事件的运算,掌握概率的基本性质.
3. 了解古典概型的条件,会求解较简单的古典概型问题.
4. 熟练掌握概率的加法公式和乘法公式,掌握条件概率和全概公式.
5. 理解事件独立性概念.
6. 掌握伯努利概型.

概率论和数理统计是研究随机现象统计规律的一门数学学科.本章主要介绍随机事件和概率的一些基本知识,研究事件的关系和运算、概率的性质及其在不同情况下的计算方法,最后将讨论随机事件独立性和伯努利概型等内容.

1.1 随机事件

1.1.1 随机现象与随机事件

客观世界中存在多种多样的现象,这些现象大体可以分为两类.一类是**确定性现象**,即在一定的条件下必然会发生或必然不发生的现象.例如,向上抛一石子必然下落;在一个标准大气压下,纯净水加热到 100 ℃时必然会沸腾;在一批合格的产品中任取一件必然不是废品等.另一类是**随机现象**,即在同样的条件下进行一系列重复试验或观测,每次出现的结果并不完全一样,而且在每次试验或观测前无法预料确切的结果,其结果呈现出不确定性.例如,向上抛掷一枚均匀硬币,落下后既可能是正面朝上,也可能是反面朝上;用同一门炮向同一目标射击,各次的弹着点不尽相同;抽样检验产品质量的结果等.

人们经过长期实践并深入研究之后,发现随机现象虽然就每次试验或观察结果来说,具有不确定性,但在大量重复试验或观察下它的结果却呈现出某种规律性.例如,多次抛掷一枚质地均匀的硬币得到正面向上的次数大约是总抛掷次数的半数;多次掷一颗匀称的骰子,3 点出现的次数大约是总掷次数的 1/6;一门炮多次射击同一目标的弹着点按照一定规律分布;等等.这种在大量重复试验或观测下,其结果所呈现出的固有规律性,我们称为**随机现象的统计规律性**.

为了研究随机现象的统计规律性而进行的各种试验或观察统称为**随机试验**,简称**试验**,通常用字母 E 表示,例如.

E_1:抛掷一枚质地均匀的硬币,观察它正、反面出现的情况;

E_2:对某一目标进行连续射击,直到击中目标为止,记录射击次数;

E_3:某车站每隔 5 分钟有一辆汽车到站,乘客对汽车到站的时间不知道,观察乘客候车时间.

上述例子中,试验 E_1 只有两种可能的结果,出现正面或出现反面,但在抛掷之前不能确定出现的是哪一面.试验 E_2 射击次数可以为 $1,2,\cdots$,即试验的结果是全体正整数,在击中目标前需要射击多少次是不能事先确定的.试验 E_3 汽车到站的间隔 5 分钟,在这 5 分钟内究竟是哪一时刻到站是不确定的,因此乘客候车时间是 0～5 的某一时刻.尽管这些试验结果的情况不一样,但它们都具有下面三个特点:

1)在相同的条件下可以重复进行;

2)有多种可能结果,但是试验前不能确定会出现哪种结果;

3)知道试验可能出现的所有结果.

在随机试验中,每一个可能发生的不再分解的基本结果称为该试验的**基本事件**或**样本点**,用 ω 表示;而由全体基本事件组成的集合称为**样本空间**,通常用 U 表示.例如,上述试验 E_1 的样本空间由两个样本点组成,即 $U=\{$正面,反面$\}$;试验 E_2 的样本空间由可列个样本点组成,即 $U=\{1,2,3,\cdots\}$;而试验 E_3 的样本空间为 $U=[0,5]$.

一般地,我们把试验 E 的样本空间 U 的子集称为 E 的**随机事件**,简称为**事件**.通常用英文大写字母 $A,B,C,\cdots$ 表示事件.在每次试验中,当且仅当这一子集中的一个样本点出现时,称这一事件发生.由于样本空间 U 是它自身的一个子集,在每次试验中一定有它的某个样本点发生,因此把样本空间 U 称为**必然事件**.空集 $\varnothing$ 是样本空间 U 的子集,显然它在每次试验中都不发生,称为**不可能事件**.

随机事件具有以下特点:

1)在一次试验中是否发生是不确定的,即随机性;

2)在相同的条件下重复试验时,发生可能性的大小是确定的,即统计规律性.

例 1 设试验 E 为掷一颗骰子,观察其出现的点数.

在这个试验中记 $A_n=\{$出现点数 $n\},n=1,2,3,4,5,6$.显然,A_1,A_2,A_3,A_4,A_5,A_6 都是基本事件.如果记 $B=\{$出现被 3 整除的点$\}=\{3,6\}$,$C=\{$出现偶数点$\}=\{2,4,6\}$,则 B,C 都是随机事件.如果记 $\{$出现小于 7 的点数$\}=U$,则它就是必然事件;如果记 $\{$出现大于 7 的点数$\}=\varnothing$,则它就是不可能事件.

例2 设10件同一种产品中有8件正品,2件次品,现任意抽取3件,记录抽取结果.

在这个试验中记 $A=\{3$ 件都是正品$\}$,记 $B=\{$至少1件是次品$\}$,则它们都是随机事件;而$\{3$件都是次品$\}=\varnothing$是不可能事件,$\{$至少1件是正品$\}=U$则是必然事件.

例3 盒子中有红、白、黄三个球,现随机取出2个,记录取出的结果.

在这个试验中,如果不考虑取出的顺序,则可能的结果是下列3种情况之一:

$$\{1红1白\},\{1白1黄\},\{1黄1红\}$$

如果考虑取出的顺序,则结果可能是下列6种情况之一:

$$\{红,白\},\{白,红\},\{白,黄\},\{黄,白\},\{黄,红\},\{红,黄\}$$

注意:这里$\{红,白\}$和$\{白,红\}$是两个事件,当不考虑取出的顺序时,$\{1红1白\}$恰是由这两个事件组成的.

显然,$\{$两球同色$\}=\varnothing$是不可能事件,而$\{$两球异色$\}=U$是必然事件.

1.1.2 事件间的关系和运算

在研究随机试验时,常常会涉及许多事件,而这些事件之间往往是有关系的.了解事件间的相互关系,便于我们通过对简单事件的了解,去研究与其有关的较复杂的事件的规律,这一点在研究随机现象的规律性上是十分重要的.

关于事件间的关系和运算,为了直观起见,我们结合下面的试验来说明:向平面上某一矩形区域U内随机掷一点,观察落点的位置.假设试验的每一结果对应矩形内的一个点,所有的基本事件对应矩形内的全部点.

1. 事件的包含与相等

设事件$A=\{$点落在小圆内$\}$,事件$B=\{$点落在大圆内$\}$,如图1-1所示.显然,若所掷的点落在小圆内,则该点必落在大圆内,也就是说,若A发生,则B一定发生.

如果事件A发生,必然导致事件B发生,则说 **B 包含 A**,或说 **A 包含于 B**,记作$A\subset B$.

如果$A\subset B$和$B\subset A$同时成立,则称事件A与B **相等**,记作$A=B$.

图1-1 事件的包含关系 $A\subset B$

例4 一批产品中有合格品与不合格品,合格品中有一、二、三等品,从中随机抽取一件,是合格品记作A,是一等品记作B,显然B发生时A一定发生,因此$B\subset A$.

2. 事件的和

设事件$A=\{$点落在小圆内$\}$,事件$B=\{$点落在大圆内$\}$,大圆和小圆的位置关系如图1-2所示.考虑事件$\{$点落在阴影部分内$\}$.显然,只要点落在小圆或大圆之内,点就落在阴影部分内.

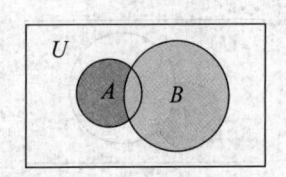

两个事件A与B至少有一个发生是一个事件,称为事件A与

图1-2 事件的和 $A+B$

B 的和, 记作 $A+B$.

例 5 在 1 种产品中, 有 8 个正品, 2 个次品, 从中任意取出 2 个, 记 $A_1=\{$恰有 1 个次品$\}$, $A_2=\{$恰有 2 个次品$\}$, $B=\{$至少有 1 个次品$\}$, 则 $\{$至少有 1 个次品$\}$ 的含义就是所取出的 2 个产品中, 或者是 $\{$恰有 1 个次品$\}$, 或者是 $\{$恰有 2 个次品$\}$, 二者必有其一发生, 因此 $B=A_1+A_2$.

根据事件的和的定义可知, $A+U=U, A+\varnothing=A$.

事件的和的运算可以推广到多个事件的情况. 我们用

$$A_1+A_2+\cdots+A_n=\sum_{i=1}^{n}A_i$$

表示 $A_1, A_2, \cdots, A_n$ 中至少有一个事件发生; 进而用

$$A_1+A_2+\cdots+A_n+\cdots=\sum_{i=1}^{\infty}A_i$$

表示 $A_1, A_2, \cdots, A_n, \cdots$ 中至少有一个事件发生.

3. 事件的积

设事件 $A=\{$点落在小圆内$\}$, 事件 $B=\{$点落在大圆内$\}$, 大圆和小圆的位置关系如图 1-3 所示. 考虑事件 $\{$点落在两圆的公共部分内$\}$. 显然, 只有点落在小圆内而且点也落在大圆内, 才有点落在两圆的公共部分内.

两个事件 A 与 B 同时发生也是一个事件, 称为事件 A 与 B 的积, 记作 AB.

例 6 设 $A=\{$甲厂生产的产品$\}$, $B=\{$合格品$\}$, $C=\{$甲厂生产的合格品$\}$, 则

$$C=AB$$

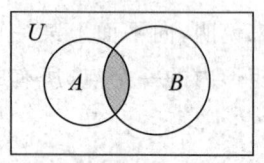

图 1-3 事件的积 AB

根据事件的积的定义可知, 对任一事件 A, 有 $AU=A, A\varnothing=\varnothing$.

事件的积的运算可以推广到多个事件的情况. 我们用

$$A_1A_2\cdots A_n=\prod_{i=1}^{n}A_i$$

表示 $A_1, A_2, \cdots, A_n$ 同时发生的事件, 进而用

$$A_1A_2\cdots A_n\cdots=\prod_{i=1}^{\infty}A_i$$

表示 $A_1, A_2, \cdots, A_n, \cdots$ 同时发生的事件.

4. 事件的差

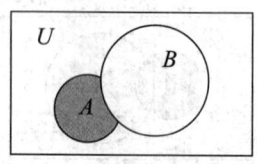

如图 1-4 所示, 设事件 $A=\{$点落在小圆内$\}$, 事件 $B=\{$点落在大圆内$\}$, 考虑事件 $\{$点落在阴影部分内$\}$. 显然, 只有点落在小圆内而且点不落在大圆内, 才有点落在阴影部分内.

事件 A 发生而事件 B 不发生, 这一事件称为事件 A 与事件 B 的差, 记作 $A-B$.

图 1-4 事件的差 $A-B$

例7 已知条件同例6,设 $D=\{甲厂生产的次品\}$,则 D 就是"甲厂生产的产品"与"合格品"两个事件的差,即

$$D = A - B$$

5. 互不相容事件

如图1-5所示,设事件 $A=\{点落在小圆内\}$,事件 $B=\{点落在大圆内\}$,显然,点不能同时落在两个圆内.

事件 A 与 B 不能同时发生,即 $AB=\varnothing$,称事件 A 与 B **互不相容**,或称 A 与 B 是**互斥**.如果对任意的 $i\neq j(i,j=1,2,\cdots,n)$ 都有 $A_iA_j=\varnothing$,则称 n 个事件 $A_1,A_2,\cdots,A_n$ 两两互不相容.如果事件 $A_1,A_2,\cdots,A_n$ 是两两互不相容的,则称这 n 个事件是互不相容的.

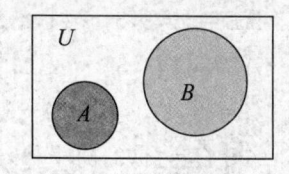

图1-5 互斥事件 $AB=\varnothing$

显然,同一试验中的各个基本事件是两两互不相容的.

例8 掷一颗骰子,令 A 表示"出偶数点",B 表示"出奇数点",则事件 A,B 是互不相容的,即 $AB=\varnothing$.

6. 对立事件与完备事件组

如图1-6所示,设事件 $A=\{点落在圆内\}$,考虑事件$\{点落在圆外\}$,该事件与事件 A 不能同时发生,而两者又必发生其一.

事件 A 不发生,即事件"非 A",称为事件 A 的**对立事件**,或称为 A 的**逆事件**,记作 $\overline{A}$.

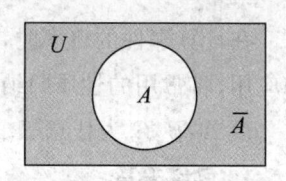

图1-6 对立事件 A 和 $\overline{A}$

注意:对立事件与互不相容事件是不同的两个概念,对立事件一定是互不相容事件,但互不相容事件不一定是对立事件.例如,事件$\{射中10环\}$与$\{射中9环\}$是互不相容事件的,但不是对立事件的.因为不能说$\{没有射中10环\}$就是$\{射中9环\}$,$\{射中10环\}$的对立事件是$\{没有射中10环\}$.

若 n 个事件 $A_1,A_2,\cdots,A_n$ 两两互不相容,并且它们的和是必然事件,则称事件 A_1,$A_2,\cdots,A_n$ 构成一个**完备事件组**,简称**完备组**.它的实际意义是在每次试验中必然发生且仅能发生 $A_1,A_2,\cdots,A_n$ 中的一个事件.当 $n=2$ 时,构成一个完备事件组的两个事件 A_1 与 A_2 就是对立事件.

例9 在10件产品中,有8件正品,2件次品,从中任取2件.令 $A=\{恰有2件次品\}$,$B=\{至多有1件次品\}$,则 $B=\overline{A}$.

根据对立事件的定义可知,$\overline{\overline{A}}=A$,即 A 也是 $\overline{A}$ 的逆事件.

在一次试验中,事件 A 与 $\overline{A}$ 不可能同时发生,而且 A 与 $\overline{A}$ 必有一个发生.因此,事件 A 和 $\overline{A}$ 满足:$A+\overline{A}=U, A\overline{A}=\varnothing$

例10 掷一颗骰子,观察其出现的点数.设 $A=\{出现奇数点\}$,$B=\{出现小于5的点\}$,$C=\{出现小于5的偶数点\}$.

(1) 写出试验的样本空间 U 及事件 $A+B$,$A-B$,AB,AC,$A+\overline{C}$,$\overline{AB}$;

(2) 分析事件 $A-B$,$A+\overline{C}$,B,C 之间的包含、互不相容及对立关系.

解 (1)样本空间 $U=\{1,2,3,4,5,6\}$，且 $A=\{1,3,5\}, B=\{1,2,3,4\}, C=\{2,4\}$，于是

$A+B=\{1,3,5\}+\{1,2,3,4\}=\{1,2,3,4,5\}$；

$A-B=\{1,3,5\}-\{1,2,3,4\}=\{5\}$；

$AB=\{1,3,5\} \cdot \{1,2,3,4\}=\{1,3\}$；

$AC=\{1,3,5\} \cdot \{2,4\}=\varnothing$；

$\overline{C}=\{1,2,3,4,5,6\}-\{2,4\}=\{1,3,5,6\}$；

$A+\overline{C}=\{1,3,5\}+\{1,3,5,6\}=\{1,3,5,6\}$；

$\overline{AB}=\{1,2,3,4,5,6\}-\{1,3\}=\{2,4,5,6\}$.

(2)由(1)可知，包含关系有 $B \supset C, A+\overline{C} \supset A-B$；互不相容的有 $A-B$ 与 $C, A+\overline{C}$ 与 C；事件 $A+\overline{C}$ 与 C 是对立事件.

1.1.3 事件间的关系和运算的性质

在计算事件的概率时，经常需要利用事件间的关系和运算的性质简化计算，为了方便阅读和应用，将常用的性质归纳如下：

设 A, B, C 为任意三个事件，则

1. 包含关系

$\varnothing \subset A \subset U, A+B \supset A, A \supset A-B, A \supset AB$.

2. 和运算

$A+\varnothing=A, A+U=U, A+\overline{A}=U, A+A=A$,

$A+B=B+A, A+(B+C)=(A+B)+C$.

3. 积运算

$AA=A, A\overline{A}=\varnothing, A\varnothing=\varnothing, AU=A$,

$AB=BA, A(BC)=(AB)C$.

4. 和与积运算的分配律

$(A+B)C=AC+BC, A+BC=(A+B)(A+C)$.

5. 和、积与逆运算的德摩根律

$\overline{A+B}=\overline{A}\,\overline{B}, \overline{AB}=\overline{A}+\overline{B}$,

$\overline{A+B+C}=\overline{A}\,\overline{B}\,\overline{C}, \overline{ABC}=\overline{A}+\overline{B}+\overline{C}$.

6. 逆运算与互不相容

$\overline{\overline{A}}=A, \overline{U}=\varnothing, \overline{\varnothing}=U$.

$A+B=(A-B)+(B-A)+AB$，且 $A-B, B-A, AB$ 两两互不相容.

$A+B=A\overline{B}+AB+\overline{A}B$，且 $A\overline{B}, AB, \overline{A}B$，两两互不相容.

$A+B=(A-B)+B=(B-A)+A$，且 $A-B$ 与 B 互不相容，$B-A$ 与 A 互不相容.

下面举一个例子验证 $\overline{AB}=\overline{A}+\overline{B}$.

例 11 以直径和长度作为衡量一种零件是否合格的标志规定,两项指标中有一种不合格,则认为此零件不合格.设 $A=\{$零件直径合格$\}$,$B=\{$零件长度合格$\}$,$C=\{$零件合格$\}$,则
$$\overline{A}=\{\text{零件直径不合格}\},\overline{B}=\{\text{零件长度不合格}\},\overline{C}=\{\text{零件不合格}\}$$
于是有结论
$$C=AB,\overline{C}=\overline{A}+\overline{B}$$
即
$$\overline{AB}=\overline{A}+\overline{B}$$
读者可以自己举例说明 $\overline{A+B}=\overline{A}\,\overline{B}$.

例 12 已知随机事件 A 与 B 是对立事件,求证 $\overline{A}$ 与 $\overline{B}$ 也是对立事件.

证明 因为 A 与 B 是对立事件,即
$$A+B=U,AB=\varnothing$$
且
$$\overline{A}+\overline{B}=\overline{AB}=\overline{\varnothing}=U,\overline{A}\,\overline{B}=\overline{A+B}=\overline{U}=\varnothing$$
所以 $\overline{A}$ 与 $\overline{B}$ 也是对立事件.

练习 1.1

1. 写出下列随机试验的样本空间

(1)把一枚质地均匀的硬币连续抛掷两次,观察正、反面出现的情况;

(2)盒子中有 5 个白球,2 个红球,从中随机取出 2 个,观察取出两球的颜色;

(3)设 10 件同一种产品中有 3 件次品,每次从中任意抽取 1 件,取后不放回,一直到 3 件次品都被取出为止,记录可能抽取的次数;

(4)在一批同型号的灯泡中,任意抽取 1 只,测试它的使用寿命.

2. 判断下列事件是不是随机事件

(1)一批产品有正品,有次品,从中任意抽出 1 件是正品;

(2)明天降雨;

(3)十字路口汽车的流量;

(4)在北京地区,将水加热到 100 ℃,变成蒸气;

(5)掷一枚均匀的骰子,出现 1 点.

3. 设 A,B 为两个事件,试用文字表示下列各个事件的含义

(1)$A+B$ (2)AB (3)$A-B$

(4)$A-AB$ (5)$\overline{A}\,\overline{B}$ (6)$A\overline{B}+\overline{A}B$

4. 设 A,B,C 为 3 个事件,试用 A,B,C 分别表示下列各事件

(1)A,B,C 中至少有 1 个发生;

(2) A,B,C 中只有 1 个发生;
(3) A,B,C 中至多有 1 个发生;
(4) A,B,C 中至少有 2 个发生;
(5) A,B,C 中不多于 2 个发生;
(6) A,B,C 中只有 C 发生.

1.2 随机事件的概率

一个随机试验有许多可能结果,我们常常希望知道某些结果出现的可能性有多大.例如,在开办中小学生平安保险业务中,按照一定标准,保险公司将一个学生的平安情况分为平安,轻度意外伤害,……,严重意外伤害以及意外事故死亡等结果.由于对一个学生而言,这些情况事先无法知道,它们都是随机事件.在制定保额和赔付金时需要研究各种情况发生可能性的大小,我们希望能将一个随机事件发生的可能性的大小用一个数来表达.这个表达随机事件发生可能性大小的数值称为**概率**.本节的主要内容就是研究概率的概念、性质及其简单的计算.

1.2.1 概率的统计定义

在给出事件概率的定义之前,先了解一下与概率概念密切相关的事件频率的概念.

在一组相同的条件下重复 n 次试验,事件 A 在 n 次试验中发生的次数 m 称为 A 发生的**频数**,比值 $\dfrac{m}{n}$ 称为事件 A 发生的**频率**,记为 $f_n(A)$.即

$$f_n(A) = \frac{m}{n}$$

显然,任何随机事件的频率都是介于 0 与 1 之间的一个数,即 $0 \leqslant f_n(A) \leqslant 1$.

大量的随机试验的结果表明,当试验次数 n 很大时,某一随机事件 A 发生的频率 $f_n(A)$ 具有一定的稳定性,其数值将会在某个确定的数值附近摆动,并且随着试验次数越多,事件发生的频率越接近这个数值.这种性质称为频率的稳定性,它是随机现象统计规律的典型表现,因此这个频率的稳定值可以描述这一随机事件发生可能性的大小.

定义 1.1 在一组相同的条件下重复 n 次试验,如果事件 A 发生的频率 $f_n(A)$ 在某个常数 p 附近摆动,而且随着试验次数 n 的增大,摆动的幅度将减小,则称常数 p 为事件 A 的**概率**,记作

$$P(A) = p$$

定义 1.1 被称为概率的**统计定义**.

表 1-1 给出了"投掷硬币"试验的几个著名的记录.从表中看出,不论是什么人投掷,当试验次数逐渐增多时,"正面向上"的频率越来越明显地稳定并接近于 0.5.这个数值反映了"出现正面"的可能性大小.因此,我们用 0.5 作为投掷硬币"出现正面"的概率.

表 1-1　"投掷硬币"试验的几个著名的记录

试验者	投掷次数 n	出现"正面向上"($\triangle A$)的频数	频率 $f_n(A)$
德摩根	2 048	1 061	0.518 1
布丰	4 040	2 048	0.506 9
皮尔逊	12 000	6 019	0.501 6
皮尔逊	24 000	12 012	0.500 5
维尼	30 000	14 994	0.499 8

由概率的统计定义可知,概率具有如下性质:

性质 1　对任一事件 A,有 $0 \leqslant P(A) \leqslant 1$.

这是因为事件 A 的频率 $f_n(A)$ 总有 $0 \leqslant f_n(A) \leqslant 1$,故相应的概率 $p = P(A)$ 也有
$$0 \leqslant P(A) \leqslant 1$$

性质 2　$P(U) = 1, P(\varnothing) = 0.$

这是因为对于必然事件 U 和不可能事件 $\varnothing$,频率分别为 1 和 0,所以相应的概率也分别为 1 和 0.

性质 3　对于有限个或可数[①]个事件,$A_1, A_2, \cdots, A_n, \cdots$,若它们两两互不相容,则
$$P\Big(\sum_{k=1}^{\infty} A_k\Big) = \sum_{k=1}^{\infty} P(A_k)$$

这条性质称为概率的完全可加性.

由此,容易得到若事件 A, B 满足 $A \subset B$,则 $P(A) \leqslant P(B)$,这是因为,$B = A + \overline{A}B$,$P(B) = P(A) + P(\overline{A}B) \geqslant P(A)$.

概率的统计定义实际上给出了一个近似计算随机事件概率的方法:当试验重复多次时,随机事件 A 的频率 $f_n(A)$ 可以作为随机事件 A 的概率 $P(A)$ 的近似值.

例 1　表 1-2 是甲、乙 2 人在相同条件下重复投篮的次数与投中的次数.

表 1-2(a)　甲投篮情况的统计

投篮次数 n	15	20	25	30	35	40	50	60
投中次数 m	10	13	16	20	23	26	33	40
频率 m/n	0.667	0.650	0.640	0.667	0.657	0.650	0.660	0.667

---

① 我们称自然数的集合是可数的,一个包含元素个数与自然数一样多的集合就是可数集合.

表 1-2(b)　乙投篮情况的统计

投篮次数 n	20	30	35	40	45	50
投中次数 m	15	22	26	31	34	38
频率 m/n	0.750	0.733	0.743	0.775	0.756	0.760

可以看出,虽然不能确切地预测球员每一次是否能够投中,但是可以近似地得到甲、乙2人的投篮命中率:

$$p_甲 \approx 0.667 \quad p_乙 \approx 0.760$$

从命中率看出乙的球艺水平比甲高.

1.2.2 古典概型

对于某些随机事件,我们不必通过大量的试验去确定它的概率,而是通过研究它的内在规律去确定它的概率.

观察"投掷硬币""掷骰子"等试验,发现它们具有下列特点:

1)试验结果的个数是有限的,即基本事件的个数是有限的,如"投掷硬币"试验的结果只有两个:"正面向上"和"反面向上";

2)每个试验结果出现的可能性相同,即每个基本事件发生的可能性是相同的,如"投掷硬币"试验出现"正面向上"和"反面向上"的可能性都是1/2;

3)在任一试验中,只能出现一个结果,也就是有限个基本事件是两两互不相容的,如"投掷硬币"试验中出现"正面向上"和"反面向上"是互不相容的.

满足上述条件的试验模型称为**古典概型**.根据古典概型的特点,我们可以定义任一随机事件 A 的概率.

定义 1.2　若古典概型中的基本事件的总数是 n,事件 A 包含的基本事件的个数是 m,则事件 A 的**概率**为

$$P(A) = \frac{m}{n} = \frac{\text{事件 } A \text{ 包含的基本事件的个数}}{\text{基本事件的总数}}$$

定义1.2被称为**概率的古典定义**.

古典概型是等可能概型.实际应用问题中古典概型的例子很多,例如:掷硬币、摸球、产品质量检验等试验,都属于古典概型.

例2　同时抛掷两枚均匀硬币,求落下后恰有一枚正面向上的概率.

解　设事件 $A=\{$恰有一枚正面向上$\}$

因为抛掷两枚硬币,只有4种等可能的基本事件:{正,正},{正,反},{反,正},{反,反},而事件 A 由其中的2个基本事件{正,反},{反,正}组成.所以

$$P(A) = \frac{2}{4} = \frac{1}{2}$$

例3 设有5件相同的产品,其中有4件正品,1件次品.现从中一次性抽取2件,求抽取到的2件都是正品的概率.

解 设事件 $A=\{$抽取到的2件都是正品$\}$.现将产品编号为1,2,3,4,5,第1号代表次品,后4个号代表正品,则一次性抽取2件(无先后顺序)的所有可能结果是:

$$\{1,2\},\{1,3\},\{1,4\},\{1,5\},\{2,3\},\{2,4\},\{2,5\},\{3,4\},\{3,5\},\{4,5\}$$

其中$\{1,2\}$表示一次性取出1号,2号产品,其余类推.因此基本事件的总数为10,且事件 A 由 $\{2,3\},\{2,4\},\{2,5\},\{3,4\},\{3,5\},\{4,5\}$ 六个基本事件组成,故

$$P(A) = \frac{6}{10} = \frac{3}{5}$$

例2、例3都是用列举基本事件的方法求解的,这种方法直观、清楚,但较为烦琐.在基本事件的总数较大时,这种方法是不方便的,一般需要利用排列组合的知识求解.

例4 设盒中有8个球,其中红球3个,白球5个.

(1) 若从中随机取出1个球,记 $A=\{$取出的是红球$\}$,$B=\{$取出的是白球$\}$,求 $P(A)$, $P(B)$;

(2) 若从中随机取出2球,设 $C=\{2$个都是白球$\}$,$D=\{1$红球1白球$\}$,求 $P(C),P(D)$;

(3) 若从中随机取出5球,设 $E=\{$取到的5个球中恰有2个白球$\}$,求 $P(E)$.

解 (1) 从8个球中任取1个球,取出方式有 C_8^1 种,每一种抽取结果就是一个基本事件,于是基本事件的总数为 C_8^1.而事件 A,B 包含的基本事件的个数分别为 C_3^1 和 C_5^1.故

$$P(A) = \frac{C_3^1}{C_8^1} = \frac{3}{8}, \quad P(B) = \frac{C_5^1}{C_8^1} = \frac{5}{8}$$

(2) 从8个球中随机取出2球,取出方式有 C_8^2 种,即基本事件的总数为 C_8^2.取出2个白球的方式有 C_5^2 种.故

$$P(C) = \frac{C_5^2}{C_8^2} = \frac{5 \times 4}{2 \times 1} \times \frac{2 \times 1}{8 \times 7} = \frac{5}{14}$$

取出1红球1白球的方式有 $C_3^1 C_5^1$ 种,故

$$P(D) = \frac{C_3^1 C_5^1}{C_8^2} = \frac{3 \times 5 \times 2 \times 1}{8 \times 7} = \frac{15}{28}$$

(3) 从8个球中任取5个球,基本事件的总数为 C_8^5 种,取到的5个球中恰有2个白球的基本事件数应为 $C_3^3 C_5^2$,因此

$$P(E) = \frac{C_3^3 C_5^2}{C_8^5} = \frac{1 \times 5 \times 4}{2 \times 1} \times \frac{5 \times 4 \times 3 \times 2 \times 1}{8 \times 7 \times 6 \times 5 \times 4} = \frac{5}{28}$$

*1.2.3 排列与组合

排列与组合都是计数问题.计算古典概率时,经常要用到它们,下面对有关的知识做一些

简单的介绍.

1. 加法法则

如果完成一件事情共有 m 类办法,其中任何一类办法均可以完成这件事情.假设第 i 类办法中有 n_i 种不同方法($i=1,2,\cdots,m$),那么,完成这件事情共有 $n=n_1+n_2+\cdots+n_m$ 种不同方法.

例5 从甲地到乙地,有轮船、汽车和火车3种交通工具可供使用.如果一天里,轮船有3班,汽车有5班,火车有4班,问从甲地到乙地一天中共有多少种走法?

解 从甲地到乙地一天中共有 $3+4+5=12$ 种走法.

2. 乘法法则

如果完成一件事情要经过 m 个不同步骤,其中第 i 步有 n_i 种方法($i=1,2,\cdots,m$),那么,完成这件事情共有 $n=n_1 \cdot n_2 \cdot \cdots \cdot n_m$ 种方法.

例6 掷两枚骰子,出现的点数情况有多少种?

解 掷骰子的每一次结果是由两枚骰子的点数组成的:第1枚骰子有6种结果:1,2,3,$\cdots$,6点,第2枚骰子也有6种结果:1,2,3,$\cdots$,6点,根据乘法原理可知,掷两枚骰子,出现的点数情况应该有 $6\times6=36$ 种.

例7 有3个盒子,分别装有4个红球,3个黄球,2个白球,从3个盒子中各取1个球,问共有多少种方法?

解 从3个盒子中各取1球,要经过三个步骤:首先从第1个盒子里的4个红球中取出1个红球,其次从第2个盒子里的3个黄球中取出1个黄球,最后从第3个盒子里的2个白球中取出1个白球.依题意,实现第1步有4种方法,实现第2步有3种方法,实现第3步有2种方法.根据乘法原理可知:从3个盒子里各取1个球共有 $4\times3\times2=24$ 种方法.

3. 排列

从 n 个不同的元素中,任取 $m(m\leqslant n)$ 个元素,按照一定的顺序排成一列,叫作从 n 个不同的元素中每次取 m 个元素的一个排列.全部的排列数记为 P_n^m,则

$$P_n^m = \frac{n!}{(n-m)!}$$

其中 $n! = n\times(n-1)\times(n-2)\times\cdots 2\times1$(读作 n 的阶乘).

说明:从 n 个不同的元素中,任取 $m(m\leqslant n)$ 个元素,做出的排列(显然这个排列里有 m 个元素),实际上是由这样 m 个步骤完成的.首先是从 n 个不同的元素中,任取1个元素(有 n 种取法),放在排列的第一位;其次再从剩余的 $n-1$ 个元素中,任取1个元素(有 $n-1$ 种取法),放在排列的第二位;$\cdots\cdots$,依次下去,到 m 步时,还剩余 $n-(m-1)$ 个元素,从中任取1个元素(有 $n-m+1$ 种取法),放在排列的第 m 位.根据乘法原理可知,从 n 个不同的元素中,任取 $m(m\leqslant n)$ 个元素,做出的排列数共有

$$P_n^m = n(n-1)(n-2)\cdots(n-m+1)$$

种.因为 $n! = n\times(n-1)\times(n-2)\times\cdots 2\times1 = n(n-1)(n-2)\cdots(n-m+1)(n-m)!$,所以

$$P_n^m = \frac{n!}{(n-m)!}$$

规定 $0!=1$. 这样, 当 $m=n$ 时, P_n^m 记为 P_n, $P_n=n!$, 这种排列叫做全排列.

例 8 由 1,2,3,4 这 4 个数字, 可组成多少个没有重复数字的两位数?

解 依题意, 这是一个由 1,2,3,4 这 4 个数字中任取 2 个的排列问题, 所以共可组成

$$P_4^2 = \frac{4!}{(4-2)!} = 4 \times 3 = 12$$

个没有重复数字的两位数.

4. 重复排列

从 n 个不同的元素中, 任意取出 m 个元素, 每个元素可以重复出现, 按照一定的顺序排成一列, 在这种情况下, 第一、第二、……、第 m 位上选取元素的方法都有 n 种, 所以, 从 n 个不同的元素中, 每次取出 m 个元素的重复排列的种数是

$$n \cdot n \cdot \cdots \cdot n = n^m$$

这种允许元素重复出现的排列叫做重复排列.

例 9 某单位用 0,1,2,3 这 4 个数字组成单位内部电话的分机号码.

(1) 问共可组成多少个电话分机号码?

(2) 若规定 0 不能作为号码的首位, 问共可组成多少个电话分机号码?

解 (1) 依题意, 这是由 0,1,2,3 这 4 个数字组成的重复排列问题, $n=m=4$, 因此共可组成 $4^4=256$ 个电话分机号码.

(2) 0 作为号码首位的排列数, 实际上就是由 0,1,2,3 这 4 个数字中选取 3 个的重复排列数, $n=4, m=3$, 依题意, 共有 $4^3=64$ 个电话分机号码, 因此, 所求结果应是 $256-64=192$ 个.

5. 组合

从 n 个不同的元素中, 任取 $m(m \leqslant n)$ 个元素, 不考虑顺序编成一组, 叫做从 n 个不同的元素中任取 m 个元素的一个组合. 这些组合的个数记为 C_n^m, 且有

$$C_n^m = \frac{P_n^m}{P_m} = \frac{n!}{m!(n-m)!}$$

说明: 考虑从 n 个不同的元素中, 任取 $m(m \leqslant n)$ 个元素, 其组合数为 C_n^m, 这 m 个元素再进行全排列, 排列数为 $P_m = m!$, 因此 $C_n^m P_m$ 实际上就是排列数 P_n^m, 即有 $C_n^m P_m = P_n^m$, 于是得到上面的组合数计算公式.

组合数有两条重要的性质:

1) $C_n^m = C_n^{n-m}$

2) $C_n^m + C_n^{m-1} = C_{n+1}^m$

例 10 假设 100 件产品中有 5 件次品, 从中任取 3 件.

(1) 共有多少种取法?

(2) 若 3 件中恰有 1 件次品的取法有多少种?

(3) 若 3 件中至少有 1 件次品的取法有多少种?

解 (1) 因为这里没有顺序问题,所以,它们都是组合问题从 100 件产品中任取 3 件的取法共有

$$C_{100}^3 = \frac{100!}{3!(100-3)!} = \frac{100 \times 99 \times 98}{3 \times 2 \times 1} = 161\,700(\text{种})$$

(2) 若 3 件中恰有 1 件次品,即有 1 件次品,2 件正品,显然,这 1 件次品取自 5 件次品,应有 C_5^1 种取法,2 件正品取自 95 件正品,有 C_{95}^2 种取法,根据乘法原理,共有

$$C_5^1 C_{95}^2 = 5 \times \frac{95 \times 94}{2 \times 1} = 22\,325(\text{种})$$

(3) 3 件中至少有 1 件次品,它的对立面指 3 件中没有次品,即任取 3 件产品的全部取法中,除去 3 件全为正品的情况.由(1)知,任取 3 件产品的取法有 C_{100}^3 种,而 3 个均为正品的取法有 C_{95}^3 种,所以,3 件中至少有 1 件次品的取法共有

$$C_{100}^3 - C_{95}^3 = 23\,285(\text{种})$$

练习 1.2

1. 如图 1-7 所示,某商场设立了一个可以自由转动的转盘,并规定:顾客购物满 100 元即可获得一次转动转盘的机会,当转盘停止时,指针落在哪一区域就可以获得相应的奖品.

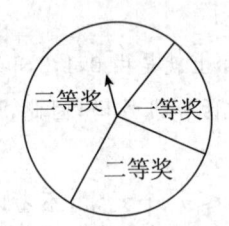

图 1-7 转盘获奖区域划分

表 1-3 是活动进行中的一组数据:

表 1-3 转盘数据统计

转动转盘的次数	100	200	500	1 000
落在"一等奖"的次数	26	48	120	249
落在"二等奖"的次数	23	51	120	252
落在"三等奖"的次数	51	101	260	499

据此估计,假如你去转动转盘一次,获得一等奖、二等奖和三等奖的概率分别是多少?

2. 掷两枚均匀的骰子,求下列事件的概率.

(1) 点数和为 1;   (2) 点数和为 5;   (3) 点数和为 12;

(4)点数和大于10； (5)点数和不超过11.

3. 抛掷一枚硬币,连续3次,求既有正面又有反面出现的概率.

4. 在100件同类产品中,有95件正品,5件次品,从中任取5件.求下列事件的概率.

(1)取出的5件产品中无次品；

(2)取出的5件产品中恰有2件次品.

5. 从$0,1,2,\cdots,9$这10个数字中每次任取1个,然后放回,共取5次.求下列事件的概率.

(1)$A=\{5个数字各不相同\}$；

(2)$B=\{5个数字不含0和1\}$；

(3)$C=\{5个数字中,1恰好出现2次\}$.

6. 袋中有3个红球,2个白球,现从中随机抽取2个球,求下列事件的概率.

(1)2个球恰好同色；

(2)2个球中至少有1个红球.

1.3 随机事件概率的计算

本节主要介绍概率计算中常用的两种加法公式、条件概率、乘法公式和全概率公式.

1.3.1 加法公式

由概率的性质3,可以直接得到两个互不相容事件之和的概率运算法则.

定理 1.1 (狭义加法公式)两个互不相容事件$A,B(AB=\varnothing)$之和的概率等于这两个事件概率之和.即

$$P(A+B)=P(A)+P(B)$$

例 1 掷一枚骰子,求出现1点或6点这一事件的概率.

解 设$A=\{出现1点\},B=\{出现6点\}$,因为骰子的6面是匀称的,故

$$P(A)=P(B)=\frac{1}{6}$$

显然$A+B$就是出现1点或6点的事件,由于A与B是互不相容的,故

$$P(A+B)=P(A)+P(B)=\frac{1}{6}+\frac{1}{6}=\frac{1}{3}$$

由定理1.1可以得到如下推论：

推论 1 设A为随机事件,则

$$P(\overline{A})=1-P(A)$$

证 因为$A+\overline{A}=U,A\overline{A}=\varnothing$,且

$$P(\overline{A}) + P(A) = P(A + \overline{A}) = P(U) = 1$$

所以 $P(\overline{A}) = 1 - P(A)$，或者 $P(A) = 1 - P(\overline{A})$.

推论 1 告诉我们：如果事件 A 的概率计算有困难时，可以先求其对立事件 $\overline{A}$ 的概率，然后再利用此推论求得其结果.

例 2 某班级有 6 人是 2008 年 9 月出生的，求其中至少有 2 人是同一天出生的概率.

解 设事件 $A = \{6\text{人中至少有}2\text{人同一天出生}\}$. 显然，事件 A 包含下列几种情况.

A_1：恰有 2 个人同一天生；

A_2：恰有 3 个人同一天生；

A_3：恰有 4 个人同一天生；

A_4：恰有 5 个人同一天生；

A_5：恰有 6 个人同一天生.

于是 $A = A_1 + A_2 + A_3 + A_4 + A_5$. 显然 $A_i (i = 1, 2, \cdots, 5)$ 之间是两两互不相容的，由概率的有限可加性知：

$$P(A) = P(A_1) + P(A_2) + P(A_3) + P(A_4) + P(A_5)$$

这个计算是烦琐的，因此考虑用逆事件 $\overline{A}$ 计算.

用 A_0 表示"6 人中没有同一天出生"的事件，则

$$A_0 + A_1 + A_2 + A_3 + A_4 + A_5 = A_0 + A = U$$

又因为 $A_0 A = \varnothing$，所以 $A_0 = \overline{A}$，于是

$$P(A) = 1 - P(\overline{A}) = 1 - P(A_0)$$

由于 9 月共有 30 天，每个人可以在这 30 天里的任一天出生，于是全部可能的情况共有

$$30 \times 30 \times 30 \times 30 \times 30 \times 30 = 30^6$$

种不同情况. 没有 2 人生日相同就是 30 中取 6 的排列

$$P_{30}^6 = 30 \times 29 \times 28 \times 27 \times 26 \times 25$$

这就是 A_0 包含的基本事件数，于是

$$P(A_0) = \left(\frac{1}{30}\right)^6 \times 30 \times 29 \times 28 \times 27 \times 26 \times 25 \approx 0.586\,4$$

因此

$$P(A) = 1 - P(A_0) = 1 - 0.586\,4 = 0.413\,6$$

推论 2 设 A, B 是两个随机事件，且 $B \subset A$，则

$$P(A - B) = P(A) - P(B)$$

上面讨论了两个互不相容事件之和概率计算的加法公式. 对于任意两个事件之和的概率，需要用下面广义加法公式计算.

定理 1.2 （广义加法公式）对任意两个事件 A, B，有

$$P(A + B) = P(A) + P(B) - P(AB)$$

证明 由图 1-8 可知，$A+B=A+(B-AB)$，而 A 与 $(B-AB)$ 互不相容，由定理 1.1 得
$$P(A+B)=P(A)+P(B-AB)$$
又因为 $B \supset AB$，由定理 1.1 的推论 2 得
$$P(B-AB)=P(B)-P(AB)$$
所以，$P(A+B)=P(A)+P(B)-P(AB)$

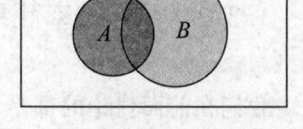

图 1-8 任意事件 A 和 B 满足 $A+B=A+(B-AB)$

例 3 某设备由甲、乙 2 个部件组成，当超载负荷时，各自出故障的概率分别为 0.82 和 0.74，同时出故障的概率是 0.63，求超载负荷时至少有 1 个部件出故障的概率．

解 设事件 $A=\{$甲部件出故障$\}$，$B=\{$乙部件出故障$\}$，则
$$P(A)=0.82, P(B)=0.74, P(AB)=0.63$$
于是
$$P(A+B)=P(A)+P(B)-P(AB)$$
$$=0.82+0.74-0.63$$
$$=0.93$$
即超载负荷时至少有 1 个部件出故障的概率是 0.93．

例 4 一、二、三班男女生的人数见表 1-4．

表 1-4 各班男女生的人数情况

性别	一班	二班	三班	总计
男	23	22	24	69
女	25	24	22	71
总计	48	46	46	140

从中随机抽取 1 人，求该学生是一班学生或是男生的概率是多少？

解 设事件 $A=\{$一班学生$\}$，$B=\{$男生$\}$，则
$$P(A)=\frac{48}{140}, P(B)=\frac{69}{140}, P(AB)=\frac{23}{140}$$
于是
$$P(A+B)=P(A)+P(B)-P(AB)$$
$$=\frac{48}{140}+\frac{69}{140}-\frac{23}{140}=\frac{47}{70}\approx 0.67$$
即该学生是一班学生或是男学生的概率是 0.67．

定理 1.2 也可以推广到多个事件相加的情形，下面给出 3 个随机事件的加法公式：
$$P(A+B+C)=P(A)+P(B)+P(C)-$$
$$P(AB)-P(BC)-P(AC)+P(ABC)$$
读者可以根据定理 1.2 证明此公式．

1.3.2 条件概率和乘法公式

我们在前面讨论的都是无附加条件的概率,有时我们要计算在"事件 B 已经发生"的前提下"事件 A 发生的概率",譬如

例 5 甲、乙两车间生产的同一种产品 100 件,各车间的产量、合格品数、次品数的情况如表 1-5 所示.

表 1-5 甲、乙两车间产品的抽查情况

车间	合格品数	次品数	总计
甲	55	5	60
乙	38	2	40
总计	93	7	100

现从 100 件产品中任意抽取 1 件,设 $A=\{$抽到 1 件是合格品$\}$,因为合格品有 93 件,故事件 A 的概率为

$$P(A)=\frac{93}{100}$$

设 $B=\{$抽到 1 件是甲车间的产品$\}$,因为甲车间生产的产品有 60 件,故事件 B 的概率为

$$P(B)=\frac{60}{100}$$

而"抽到 1 件既是甲车间的产品,又是合格品"的事件为 AB,共有 55 件,故事件 AB 的概率为

$$P(AB)=\frac{55}{100}$$

若已知抽到的 1 件是甲车间的产品,要求抽得的是合格品的概率 p.那么,这就是说,要求从已知是甲车间生产的 60 件产品中任意抽取 1 件,抽到 1 件是合格品的概率.因为甲车间的合格品共有 55 件,所以概率 p 为

$$p=\frac{55}{60}$$

p 是在事件 B 已发生的条件下,事件 A 发生的概率.一般来说它与无条件概率 $P(A)$ 不同.我们称这种概率为"事件 B 发生的条件下,事件 A 发生的条件概率",记为 $P(A|B)$,即 $p=P(A|B)=55/60$.由于 $P(AB)=55/100$,$P(B)=60/100$,我们发现

$$P(A|B)=\frac{55}{60}=\frac{55/100}{60/100}=\frac{P(AB)}{P(B)}$$

由此我们给出条件概率的定义.

定义 1.3 设 A,B 是随机试验 E 的两个事件,且 $P(B)\neq 0$,则称

$$P(A|B)=\frac{P(AB)}{P(B)}$$

为事件 B 发生的条件下,事件 A 发生的**条件概率**.

同理可定义事件 A 发生的条件下,事件 B 发生的条件概率

$$P(B|A)=\frac{P(AB)}{P(A)} \quad (P(A)\neq 0)$$

例 6 某种元件用满 6 000 小时没坏的概率是 3/4,用满 10 000 小时没坏的概率是 1/2,现有一个此种元件,已经用过 6 000 小时没坏,问它能用到 10 000 小时的概率.

解 设 $A=\{$用满 10 000 小时没坏$\}$,$B=\{$用满 6 000 小时没坏$\}$,则 $P(B)=3/4$,$P(A)=1/2$,由于 $A\subset B$,$AB=A$,因而 $P(AB)=P(A)=1/2$,故

$$P(A|B)=\frac{P(AB)}{P(B)}=\frac{P(A)}{P(B)}=\frac{1/2}{3/4}=\frac{2}{3}$$

例 7 某个家庭中有 2 个小孩,已知其中 1 个是男孩,试问另 1 个也是男孩的概率是多少?

解 有 2 个小孩的家庭,其小孩以老大、老二排序,性别构成的所有基本事件有 4 个:

$$\{男,男\},\{男,女\},\{女,男\},\{女,女\}$$

这里 $\{$男,男$\}$ 表示老大是男孩,老二也是男孩,这是一事件,其余类推.

设 $A=\{$有 1 个男孩$\}$,A 包含的基本事件数是 3,$B=\{$另一个也是男孩$\}$,AB 包含的基本事件数是 1,于是所求概率为

$$P(B|A)=\frac{P(AB)}{P(A)}=\frac{1/4}{3/4}=\frac{1}{3}$$

在上例基本事件的设定中,为什么不设成:$\{2$个男孩$\}$,$\{2$个女孩$\}$,$\{1$男 1 女$\}$?因为如果这样设定,这 3 个基本事件就不是等可能的了!

由条件概率的定义可以得出概率的乘法公式.

定理 1.3 (乘法公式)设 $P(A)\neq 0$,$P(B)\neq 0$,则事件 A 与 B 之积 AB 的概率等于其中任一事件的概率乘以在该事件发生的条件下另一事件发生的概率,即

$$P(AB)=P(A)P(B|A)$$
$$P(AB)=P(B)P(A|B)$$

利用乘法公式,可以计算两事件 A,B 同时发生的概率 $P(AB)$.

例 8 已知盒子中装有 10 只晶体管,6 只正品,4 只次品,从其中无放回地任取两次,每次取 1 只,问两次都取到正品的概率是多少?

解 设 $A=\{$第一次取到正品$\}$,$B=\{$第二次取到正品$\}$,则

$$P(A)=\frac{6}{10},P(B|A)=\frac{5}{9}$$

所以

$$P(AB)=P(A)P(B|A)=\frac{6}{10}\times\frac{5}{9}=\frac{1}{3}$$

即两次都取到正品的概率是 1/3.

例 9 已知 100 件产品中有 4 件次品,无放回地从中抽取两次,每次抽取 1 件.求下列事件

的概率:

(1)第一次取到次品且第二次取到正品;

(2)两次都取到正品;

(3)两次抽取中恰有一次取到正品.

解 设 $A=\{$第一次取到次品$\}$,$B=\{$第二次取到正品$\}$.

(1)因为

$$P(A)=\frac{4}{100},P(B|A)=\frac{96}{99}$$

所以

$$P(AB)=P(A)P(B|A)=\frac{4}{100}\times\frac{96}{99}=0.0388$$

即第一次取到次品,第二次取到正品的概率为 0.038 8.

(2)因为 $\overline{A}=\{$第一次取到正品$\}$,且

$$P(\overline{A})=1-P(A)=\frac{96}{100},P(B|\overline{A})=\frac{95}{99}$$

所以

$$P(\overline{A}B)=P(\overline{A})P(B|\overline{A})=\frac{96}{100}\times\frac{95}{99}=0.9212$$

即两次都取到正品的概率为 0.921 2.

(3)两次抽取中恰有一次取到正品是指第一次取到次品而第二次取到正品(AB),或第一次取到正品而第二次取到次品($\overline{A}\,\overline{B}$),这两件事至少有 1 件发生,即 $AB+\overline{AB}$,而 AB 与 $\overline{AB}$ 互不相容,所以

$$P(AB+\overline{A}\,\overline{B})=P(AB)+P(\overline{A}\,\overline{B})$$
$$=P(A)P(B|A)+P(\overline{A})P(\overline{B}|\overline{A})$$
$$=0.0388+\frac{96}{100}\times\frac{4}{99}=0.0776$$

即两次抽取中恰有一次取到正品的概率为 0.077 6.

定理 1.3 也可以推广到多个事件相乘的情形,下面给出 3 个随机事件的乘法公式:
$$P(ABC)=P(A)P(B|A)P(C|AB)$$

1.3.3 全概率公式

概率论中往往希望从已知的简单事件的概率推算出未知的复杂事件的概率,为达到这个目的,我们经常把一个复杂事件分解成若干个不相容的简单事件之和,再通过分别计算这些简单事件的概率,最后利用概率的可加性得到最终结果.全概率公式在这里起着重要的作用,首先看两个例子.

例 10 设袋中共有 10 个球,其中有 2 个红球,其余为白球,两人分别从袋中任取 1 球,求第 2 个人取得红球的概率(第 1 个人取出的球无放回).

解 设事件 $A=\{$第 2 个人取得红球$\}$,事件 $B=\{$第 1 个人取得红球$\}$.那么事件 $\overline{B}=\{$第 1 个人取得白球$\}$,且事件 B 与 $\overline{B}$ 的概率分别为

$$P(B)=\frac{2}{10},P(\overline{B})=\frac{8}{10}$$

显然,在事件 B 发生或事件 $\overline{B}$ 发生的条件下,事件 A 发生的概率分别为

$$P(A|B)=\frac{1}{9},P(A|\overline{B})=\frac{2}{9}$$

把事件 A 写成两个互不相容事件 AB 与 $A\overline{B}$ 的和.应用概率的加法公式与乘法公式,有

$$P(A)=P[A(B+\overline{B})]$$
$$=P(AB)+P(A\overline{B})=P(B)P(A|B)+P(\overline{B})P(A|\overline{B})$$
$$=\frac{2}{10}\times\frac{1}{9}+\frac{8}{10}\times\frac{2}{9}=\frac{1}{5}$$

注意:第 2 个人取得红球的概率与第 1 个人取得红球的概率是相等的.

例 11 如果将例 10 中的 10 个球改为 2 个红球,5 个白球,3 个黑球,取法不变,求第 2 个人取得红球的概率.

解 设事件 $A_1=\{$第 1 个人取得红球$\}$,$A_2=\{$第 1 个人取得白球$\}$,$A_3=\{$第 1 个人取得黑球$\}$,显然 A_1,A_2,A_3 构成一个完备事件组,且有

$$A=(A_1+A_2+A_3)A=A_1A+A_2A+A_3A$$

因为 A_1A,A_2A,A_3A 互不相容,由概率的可加性和乘法公式,得

$$P(A)=\sum_{i=1}^{3}P(A_iA)=\sum_{i=1}^{3}P(A_i)P(A|A_i)$$
$$=\frac{2}{10}\times\frac{1}{9}+\frac{5}{10}\times\frac{2}{9}+\frac{3}{10}\times\frac{2}{9}=\frac{1}{5}$$

从上述例题中我们发现,有些事件概率的计算比较简单,可以直接用古典概率、概率性质或有关公式得到,而有些事件比较复杂,直接计算概率比较困难,需要先将它分解为简单的几个互不相容事件的和,再应用概率的性质及有关公式计算出这些事件的概率.将这类题型进行归纳,得到以下定理.

定理 1.4 (全概率公式)若事件 $A_1,A_2,\cdots,A_n$ 构成一个完备事件组,且 $P(A_i)>0(i=1,2,\cdots,n)$,则对任意事件 A,有

$$P(A)=\sum_{i=1}^{n}P(A_i)P(A|A_i)$$

(证明略).

当 $P(A_i)$ 和 $P(A|A_i)$ 已知或比较容易计算时,可利用此公式计算 $P(A)$.

例 12 某厂有 4 条流水线生产同一产品,该 4 条流水线的产量分别占总产量的 15%,

20%, 30%, 35%, 各流水线的次品率分别为 0.05, 0.04, 0.03, 0.02. 从出厂产品中随机抽取 1 件, 求此产品为次品的概率是多少?

解 设 $A = \{$任取 1 件产品是次品$\}$, $A_i = \{$任取 1 件产品是第 i 条流水线生产的产品$\}$ ($i = 1, 2, 3, 4$), 则

$$P(A_1) = 15\%, P(A_2) = 20\%$$
$$P(A_3) = 30\%, P(A_4) = 35\%$$
$$P(A|A_1) = 0.05, P(A|A_2) = 0.04$$
$$P(A|A_3) = 0.03, P(A|A_4) = 0.02$$

于是

$$P(A) = \sum_{i=1}^{4} P(A_i) P(A|A_i)$$
$$= P(A_1)P(A|A_1) + P(A_2)P(A|A_2) + P(A_3)P(A|A_3) + P(A_4)P(A|A_4)$$
$$= 15\% \times 0.05 + 20\% \times 0.04 + 30\% \times 0.03 + 35\% \times 0.02$$
$$= 0.0315$$

例 13 已知某产品 100 件为一包, 抽样检查时, 从每包中任取 10 件检查, 如果发现其中有次品, 则认为这包产品不合格. 假定已知每包产品的次品数不超过 4 件, 并且次品数为 0, 1, 2, 3, 4 的概率分别为 0.1, 0.2, 0.4, 0.2, 0.1, 求一包产品通过检查的概率是多少?

解 设 $A = \{$一包产品通过检查$\}$, $A_i = \{$一包产品中有 i 个次品$\}$ ($i = 0, 1, 2, 3, 4$), 则

$$P(A_0) = 0.1, P(A_1) = 0.2$$
$$P(A_2) = 0.4, P(A_3) = 0.2$$
$$P(A_4) = 0.1$$
$$P(A|A_0) = 1$$
$$P(A|A_1) = \frac{C_{99}^{10}}{C_{100}^{10}} = 0.90$$
$$P(A|A_2) = \frac{C_{98}^{10}}{C_{100}^{10}} = 0.81$$
$$P(A|A_3) = \frac{C_{97}^{10}}{C_{100}^{10}} = 0.73$$
$$P(A|A_4) = \frac{C_{96}^{10}}{C_{100}^{10}} = 0.65$$

由全概率公式得

$$P(A) = \sum_{i=0}^{4} P(A_i) P(A|A_i)$$
$$= 0.1 \times 1 + 0.2 \times 0.90 + 0.4 \times 0.81 + 0.2 \times 0.73 + 0.1 \times 0.65$$
$$= 0.815$$

练习 1.3

1. 甲、乙两炮同时向一架敌机射击,已知甲炮的击中率是 0.5,乙炮的击中率是 0.6,甲、乙两炮都击中的概率是 0.3,求飞机被击中的概率是多少?

2. 某种产品共 40 件,其中有 3 件次品,现从中任取 2 件,求其中至少有 1 件次品的概率是多少?

3. 一批产品共 50 件,其中 46 件合格品,4 件废品,从中任取 3 件,其中有废品的概率是多少?废品不超过 2 件的概率是多少?

4. 设有 100 个圆柱形零件,其中 95 个长度合格,92 个直径合格,87 个长度、直径都合格. 现从中任取 1 件该产品,求:

(1) 该产品是合格品的概率;

(2) 若已知该产品直径合格,求该产品是合格品的概率;

(3) 若已知该产品长度合格,求该产品是合格品的概率.

5. 已知随机事件 A,B,它们的概率分别是 $P(A)=1/2,P(B)=1/3$,且 $P(B|A)=1/2$,求 $P(AB),P(A+B),P(A|B)$.

6. 袋中有 3 个红球和 2 个白球,

(1) 第一次从袋中任取 1 球,随即放回,第二次再任取 1 球,求两次都是红球的概率?

(2) 第一次从袋中任取 1 球,不放回,第二次再任取 1 球,求两次都是红球的概率?

7. 加工某种零件需要两道工序.第 1 道工序出次品的概率是 2%,如果第 1 道工序出次品,则此零件就为次品;如果第 1 道工序出正品,则第 2 道工序出次品的概率是 3%,求加工出来的零件是正品的概率.

8. 市场供应的热水瓶中,甲厂产品占 50%,乙厂产品占 30%,丙厂产品占 20%,甲、乙、丙厂的合格率分别为 90%,85%,80%.求买到一个热水瓶是合格品的概率.

1.4 伯努利(Bernoulli)概型

本节首先介绍一个重要的概念——随机事件的独立性,然后介绍一类最简单的重复独立试验——伯努利概型.

1.4.1 事件的独立性

例 1 设袋中有 5 个球,2 个为白球,3 个为红球,现从中有放回地抽取 2 个球,设事件 A 表示第 1 次抽得白球,事件 B 表示第 2 次抽得红球,由于第 1 次抽取以后,把球放回再抽第 2

次,因此第1次抽取的结果,对第2次抽取丝毫没有影响,也即 $P(B|A)=P(B)$,这时我们可以认为事件 A 与 B 之间具有某种独立性.下面给出独立性定义.

定义 1.4 如果两事件 A,B 中任一事件的发生不影响另一事件的概率,即
$$P(A|B)=P(A), 或 P(B|A)=P(B)$$
则称事件 A 与事件 B 是**独立的**.

定理 1.5 两个事件 A,B 相互独立的充分必要条件是
$$P(AB)=P(A)P(B)$$

证明 充分性

因为
$$P(AB)=P(A)P(B)$$
所以
$$P(A|B)=\frac{P(AB)}{P(B)}=\frac{P(A)P(B)}{P(B)}=P(A)$$
即事件 A,B 相互独立.

必要性

因为事件 A,B 相互独立,即 $P(B|A)=P(B)$

所以 $P(AB)=P(A)P(B|A)=P(A)P(B)$

定理 1.5 给出了两个独立事件 A 与 B 之积事件的概率计算公式,它是乘法公式的一种特殊情形,我们把它也称为乘法公式.

实际问题中,事件的独立性往往根据实际意义或经验就可以判断.

例 2 一个骰子掷两次,两次都出现"1"点的概率是多少?

解 设事件 $A_i=\{第\ i\ 次出现1点\}(i=1,2)$,因为第1次的结果不会影响到第2次,于是 A_1,A_2 是独立的,且
$$P(A_i)=\frac{1}{6}, (i=1,2)$$
由定理 1.5 得
$$P(A_1A_2)=P(A_1)P(A_2)=\frac{1}{6}\times\frac{1}{6}=\frac{1}{36}$$

例 3 甲、乙两人考大学,甲考上的概率是 0.7,乙考上的概率是 0.8.假定两人考上大学与否是独立的,问

(1)甲、乙两人都考上的概率是多少?

(2)甲、乙两人至少一人考上大学的概率是多少?

解 设 $A=\{甲考上大学\}, B=\{乙考上大学\}$,则
$$P(A)=0.7, P(B)=0.8$$
(1)甲、乙两人考上大学的事件是相互独立的,故甲、乙两人同时考上大学的概率是

$$P(AB) = P(A)P(B)$$
$$= 0.7 \times 0.8 = 0.56$$

(2)甲、乙两人至少一人考上大学的概率是
$$P(A+B) = P(A) + P(B) - P(AB)$$
$$= 0.7 + 0.8 - 0.56 = 0.94$$

对于两个独立事件 A, B，关于它们的逆事件有如下定理：

定理 1.6 若事件 A, B 相互独立，则事件 $\overline{A}$ 与 B，A 与 $\overline{B}$，$\overline{A}$ 与 $\overline{B}$ 也相互独立.

证明 因为事件 A, B 相互独立，即
$$P(AB) = P(A)P(B)$$
且
$$P(\overline{A}B) = P(B) - P(AB)$$
$$= P(B) - P(A)P(B)$$
$$= [1 - P(A)]P(B)$$
$$= P(\overline{A})P(B)$$

所以事件 $\overline{A}$ 与 B 相互独立.

同理可证 A 与 $\overline{B}$，$\overline{A}$ 与 $\overline{B}$ 也相互独立.

事件独立性概念可以推广到任意有限个事件的情形.

定义 1.5 设 $A_1, A_2, \cdots, A_n$ 为 n 个随机事件，若对任何正整数 $k(2 \leqslant k \leqslant n)$ 及 $1 \leqslant i_1 \leqslant i_2 \leqslant \cdots \leqslant i_k \leqslant n$ 都有
$$P(A_{i_1} A_{i_2} \cdots A_{i_k}) = P(A_{i_1}) P(A_{i_2}) \cdots P(A_{i_k})$$
则称 $A_1, A_2, \cdots, A_n$ 相互独立.

特别地，当 $n = 3$ 时，随机事件 A_1, A_2, A_3 满足：
$$P(A_1 A_2 A_3) = P(A_1) P(A_2) P(A_3)$$
$$P(A_1 A_2) = P(A_1) P(A_2)$$
$$P(A_1 A_3) = P(A_1) P(A_3)$$
$$P(A_2 A_3) = P(A_2) P(A_3)$$

称 A_1, A_2, A_3 相互独立.

相互独立 n 个随机事件 $A_1, A_2, \cdots, A_n$ 有下面性质：

1) $P(A_1 A_2 \cdots A_n) = P(A_1) P(A_2) \cdots P(A_n)$；
2) $P(A_1 + A_2 + \cdots + A_n) = 1 - P(\overline{A_1}) P(\overline{A_2}) \cdots P(\overline{A_n})$.

例 4 甲、乙、丙 3 台机床独立工作，在同一段时间内它们不需要工人照管的概率分别为 0.7，0.8 和 0.9，求在这段时间内最多只有 1 台机床需要工人照管的概率.

解 设事件 A_1, A_2, A_3 分别表示在同一段时间内甲、乙、丙机床需要工人照管，B_i 表示在这段时间内恰有 i 台机床需要工人照管 $(i = 0, 1)$. 显然，B_0 与 B_1 互不相容，A_1, A_2, A_3 相互独立，而且 $P(A_1) = 0.3, P(A_2) = 0.2, P(A_3) = 0.1$，故

$$P(B_0) = P(\overline{A}_1 \overline{A}_2 \overline{A}_3) = P(\overline{A}_1) P(\overline{A}_2) P(\overline{A}_3)$$
$$= 0.7 \times 0.8 \times 0.9$$
$$= 0.504$$
$$P(B_1) = P(A_1 \overline{A}_2 \overline{A}_3) + P(\overline{A}_1 A_2 \overline{A}_3) + P(\overline{A}_1 \overline{A}_2 A_3)$$
$$= 0.3 \times 0.8 \times 0.9 + 0.7 \times 0.2 \times 0.9 + 0.7 \times 0.8 \times 0.1$$
$$= 0.398$$

所以
$$P(B_0 + B_1) = P(B_0) + P(B_1) = 0.902$$

1.4.2 伯努利概型

在实际问题中,我们常常要做多次条件完全相同并且相互独立的试验,例如在相同条件下独立射击,有放回地抽取产品等,我们称这种类型的试验为重复独立试验.下面先看一个例子.

例5 设有一批产品,次品率为 p,现进行有放回的抽取,即任取1个产品,检查一下它是正品还是次品后,仍放回去,再进行第2次抽取,问任取 n 次后发现2个次品的概率是多少?

解 先讨论 $n=4$ 的情形.

设事件 $A_i = \{$第 i 次抽得的是次品$\}$,$(i=1,2,3,4)$,则 $\overline{A}_i = \{$第 i 次抽得的是正品$\}$.在4次试验中,抽得2件次品的结果共有 $C_4^2 = 6$ 种:

$$A_1 A_2 \overline{A}_3 \overline{A}_4, A_1 \overline{A}_2 A_3 \overline{A}_4, A_1 \overline{A}_2 \overline{A}_3 A_4$$
$$\overline{A}_1 A_2 A_3 \overline{A}_4, \overline{A}_1 A_2 \overline{A}_3 A_4, \overline{A}_1 \overline{A}_2 A_3 A_4$$

由于每次抽得次品的概率都是一样的,即 $P(A_i) = p$,且各次试验是相互独立的,于是有
$$P(A_1 A_2 \overline{A}_3 \overline{A}_4) = P(A_1 \overline{A}_2 A_3 \overline{A}_4) = \cdots = P(\overline{A}_1 \overline{A}_2 A_3 A_4)$$
$$= P(A_1) P(A_2) P(\overline{A}_3) P(\overline{A}_4) = p^2 (1-p)^{4-2}$$

又由于以上各方式中,任何两种方式都是互不相容的,因此事件 $A = \{4$ 次试验中,恰抽得2个次品$\}$的概率是
$$P(A) = P(A_1 A_2 \overline{A}_3 \overline{A}_4) + P(A_1 \overline{A}_2 A_3 \overline{A}_4) + \cdots + P(\overline{A}_1 \overline{A}_2 A_3 A_4)$$
$$= C_4^2 p^2 (1-p)^{4-2}$$

推广到一般情形,事件 A 发生 $k(0 \leqslant k \leqslant n)$ 次的概率为
$$P_k(A) = C_n^k p^k (1-p)^{n-k} \quad (k = 0, 1, 2, \cdots, n) \tag{1.4.1}$$

式(1.4.1)中 $P_k \geqslant 0$,$(k=0,1,2,\cdots,n)$,且
$$\sum_{i=0}^{n} P_k = \sum_{k=0}^{n} C_n^k p^k (1-p)^{n-k}$$
$$= (p + 1 - p)^n = 1$$

若试验 E 中一次试验的结果只有两个 $A,\overline{A}$ 且 $P(A)=p$ 保持不变,则将试验 E 在条件相同的情况下独立地重复 n 次,这 n 个独立试验称为独立试验序列,这个试验模型称为 **n 重独立试验序列概型**,也称为**伯努利概型**.式(1.4.1)给出了 n 重独立试验序列概型的计算公式. 注意到 $C_n^k p^k q^{n-k}$ 刚好是二项式的展开式中的第 $k+1$ 项,故式(1.4.1)也称为**二项概型计算公式**.

例 6 某射手每次击中目标的概率是 0.6,如果射击 5 次,试求至少击中 2 次的概率.

解
$$\begin{aligned}P(\text{至少击中 2 次}) &= \sum_{k=2}^{5} P(\text{击中 } k \text{ 次}) \\&= 1 - P(\text{击中 0 次}) - P(\text{击中 1 次}) \\&= 1 - C_5^0 (0.6)^0 \cdot (0.4)^5 - C_5^1 (0.6)^1 \cdot (0.4)^4 \\&\approx 0.826\end{aligned}$$

二项概型公式应用的前提是"n 重独立重复试验".实际中,真正完全重复的现象并不常见,常见的只不过是近似的重复.尽管如此,仍可用上述二项概型公式作近似处理.

例 7 某种产品的次品率为 5%,现从一大批该产品中抽出 20 个进行检验,问 20 个该产品中恰有 2 个次品的概率是多少?

解 这里是不放回抽样,由于一批产品的总数很大,且抽出的样品的数量相对而言较小,因而可以当作是有放回抽样处理,这样做会有一些误差,但误差不会太大.抽出 20 个样品检验,可看作是做了 20 次独立试验,每一次是否为次品可看成是一次试验的结果,因此 20 个该产品中恰有 2 个次品的概率是

$$P(\text{恰有 2 个次品}) = C_{20}^2 (0.05)^2 \cdot (0.95)^{18} \approx 0.187$$

练习 1.4

1. 假设有甲、乙两批种子,发芽率分别是 0.8 和 0.7,在两批种子中各随机取 1 粒,求
(1) 2 粒都发芽的概率;
(2) 至少有 1 粒发芽的概率;
(3) 恰有 1 粒发芽的概率.

2. 一门火炮向某一目标射击,每发炮弹命中目标的概率是 0.8,求连续地射 3 发都命中的概率和至少有 1 发命中的概率.

3. 某气象站天气预报的准确率为 80%,求:
(1) 5 次预报中恰有 4 次准确的概率;
(2) 5 次预报中至少有 4 次准确的概率.

4. 一批产品中有 20% 的次品,进行重复抽样检查,共抽得 5 件样品,分别计算这 5 件样品中恰有 3 件次品和至多有 3 件次品的概率.

5. 某一车间里有 12 台车床,由于工艺上的原因,每台车床时常要停车,设各台车床停车

(或开车)是相互独立的,且在任一时刻处于停车状态的概率为 0.3,计算在任一指定时刻里有 2 台车床处于停车状态的概率.

6. 加工某种零件需要 3 道工序,假设第 1、第 2、第 3 道工序的次品率分别是 2%、3%、5%,并假设各道工序是互不影响的.求加工出来的零件的次品率.

习题 1

1. 将两封信随机地投入 3 个信箱,写出该试验的样本空间,计算第 1 个信箱是空的及两封信不在同一信箱的概率.

2. 从 1 到 100 这 100 个自然数中任取 1 个,求:
(1)取到奇数的概率;
(2)取到的数能被 3 整除的概率;
(3)取到的数是能被 3 整除的偶数的概率.

3. 停车场有 10 个车位排成一行,现在停着 7 辆车,求恰有 3 个连接的车位空着的概率.

4. 罐中有 12 颗围棋子,其中 8 颗白子,4 颗黑子,若从中任取 3 颗,求:
(1)取到的都是白子的概率;
(2)取到 2 颗白子,1 颗黑子的概率;
(3)取到的 3 颗棋子中至少有 1 颗黑子的概率;
(4)取到的 3 颗棋子颜色相同的概率.

5. 某化工商店出售的油漆中有 15 桶标签脱落,售货员随意重新贴上了标签.已知这 15 桶中有 8 桶白漆,4 桶红漆,3 桶黄漆.现从这 15 桶中取出 6 桶给一欲买 3 桶白漆,2 桶红漆,1 桶黄漆的顾客,那么这位顾客正好买到自己所需的油漆的概率是多少?

6. 对次品率为 5% 的某箱灯泡进行抽样检查.检查时,从中任取 1 个,如果是次品就认为这箱灯泡不合格而拒绝接受;如果是合格品就再取 1 个进行检查,检查过的灯泡不放回,如此进行 5 次.如果 5 个灯泡都是合格品,则认为这箱灯泡为合格品而被接受.已知每箱有 100 个灯泡,求这箱灯泡被接受的概率.

7. 甲、乙、丙 3 人轮流掷硬币,第 1 次甲掷,第 2 次乙掷,第 3 次丙掷,直到某人掷出国徽一面,先出现国徽一面者获胜.求各人获胜的概率.

8. 10 个塑料球中有 3 个黑色,7 个白色,今从中任取 2 个,求已知其中 1 个是黑色球的条件下,另 1 个也是黑色球的概率.

9. 装有 10 个白球 5 个黑球的罐中丢失 1 球,但不知是什么颜色的,为了猜测它是什么颜色的,随机地从罐中摸出两球,结果都是白球,问丢失的是黑球的概率.

10. 设有 3 只外形完全相同的盒子,Ⅰ号盒中装有 14 个黑球,6 个白球;Ⅱ号盒中装有 5 个黑球,25 个白球;Ⅲ号盒中装有 8 个黑球,42 个白球.现在从 3 个盒子中任取 1 个,再从中任取 1 个球,求取到的球是黑球的概率.

11. 一人从外地到上海来参加一个会议,他乘火车的概率为 1/2,乘飞机的概率为 3/10,乘轮船或汽车的概率均为 1/10.如果乘火车来,迟到的概率为 1/4;乘飞机来,迟到的概率为 1/6,乘轮船来,迟到的概率为 1/10;乘汽车来,迟到的概率为 1/12,求此人迟到的概率.

12. 三种型号的圆珠笔杆放在一起,其中 I 型的有 4 支,II 型的有 5 支,III 型的有 6 支这三种型号的圆珠笔帽也放在一起,其中 I 型的有 5 个,II 型的有 7 个,III 型的有 8 个.现在任取 1 支笔杆和 1 个笔帽,求恰好能配套的概率.

13. 某仪器有 3 个独立工作的元件,它们损坏的概率都是 0.1,当 1 个元件损坏时,仪器发生故障的概率为 0.25;当 2 个元件损坏时,仪器发生故障的概率为 0.6;当 3 个元件损坏时,仪器发生故障的概率为 0.95.求仪器发生故障的概率.

14. 某人买了 4 节电池,已知这批电池有 1% 的产品不合格,求这人买到的 4 节电池中恰好有 1 节、2 节、3 节和 4 节是不合格的概率.

15. 进行 4 次重复独立试验,每次试验中事件 A 发生的概率为 0.3,如果事件 A 不发生,则事件 B 也不发生;如果事件 A 发生 1 次,则事件 B 发生的概率为 0.4;如果事件 A 发生 2 次,则事件 B 发生的概率为 0.6;如果事件 A 发生 3 次,则事件 B 一定发生.求事件 B 发生的概率.

16. 设 A,B 为两个事件,$P(A|B)=P(A|\bar{B}),P(A)>0,P(B)>0$,证明 A 与 B 独立.

学习指导

本章主要内容是随机事件的概率及其计算.因此,本章给出了随机试验、随机事件概念及事件的运算;概率的统计定义,古典概率,条件概率等;概率的计算——加法公式、乘法公式、全概公式;事件的独立性和伯努利概型.学习本章内容时,首先应该充分理解概率的意义;其次要正确了解随机事件等相关的概念,了解条件概率的概念;最后要能熟练运用各类公式计算随机事件的概率.

概率计算公式和事件的独立性是本章的重点内容.

(1)理解随机事件的概念时,要深刻体会它的"随机"性,就是说,随机事件是可能发生可能不发生的.大家要注意,在每次试验中一定发生或一定不发生的结果不是随机事件,但为了讨论方便与统一,我们把这两种结果看作特殊的随机事件,分别称为必然事件与不可能事件.

(2)古典概型和伯努利概型是两个比较基本而又重要的试验模型.在这两个概型中,给出了计算随机事件概率的两个计算方法

古典概型

$$P(A)=\frac{A \text{ 含基本事件的个数}}{\text{基本事件的总数}}=\frac{m}{n}$$

伯努利概型 $P_k(A)=C_n^k p^k (1-p)^{n-k}(k=0,1,2,\cdots,n)$ 应用时，要注意这两种概型所需要的不同条件.

(3)加法公式就事件之间的关系而言，分为互不相容和一般情形两种公式：

狭义加法公式
$$P(A+B)=P(A)+P(B) \quad (A,B\text{ 互斥})$$

广义加法公式
$$P(A+B)=P(A)+P(B)-P(AB)$$

狭义加法公式有两个很有用的推论也是我们要掌握的，即

1)设 A 为随机事件，则 $P(\overline{A})=1-P(A)$；

2)设 A,B 是两个随机事件，且 $B\subset A$，则 $P(A-B)=P(A)-P(B)$.

(4)乘法公式就事件之间的关系而言，分为相互独立和一般情形两种公式：
$$P(AB)=P(A)P(B) \quad (A,B\text{ 相互独立})$$
$$P(AB)=P(A)P(B|A) \text{ 或 } P(AB)=P(B)P(A|B)$$

注意:1)对于 n 个相互独立的随机事件 $A_1,A_2,\cdots,A_n$，则有
$$P(A_1 A_2 \cdots A_n)=P(A_1)P(A_2)\cdots P(A_n)$$

2)应用相互独立随机事件的乘法公式计算相互独立随机事件的和的概率时可用
$$P(A+B)=P(A)+P(B)-P(A)P(B) \quad (A,B\text{ 相互独立})$$
$$P(A+B)=1-P(\overline{A+B})=1-P(\overline{A}\,\overline{B})=1-P(\overline{A})P(\overline{B})$$
$$P(A_1+A_2+\cdots+A_n)=1-P(\overline{A_1+A_2+\cdots+A_n})$$
$$=1-P(\overline{A_1})P(\overline{A_2})\cdots P(\overline{A_n})$$

本章重点是加法公式、乘法公式、事件独立性.

一、疑难解析

(一)关于随机事件

随机事件在客观世界中广泛存在.它反映的是"确定条件"与"事件"间的非确定性的关系.如，从一批产品中随机抽取若干产品的试验，"确定条件"是：只要这批产品中有次品，从中随机抽取产品，就有可能是"没有次品""1 个次品"…"n 个次品"中的任意一种结果出现，那么"只有 1 个次品"这一事件，就可能发生也可能不发生.

一般而言，随机事件具有以下特点：

1)在一次试验中是否发生是不确定的，即随机性；

2)在相同的条件下重复试验时，发生可能性的大小是确定的，即统计规律性.

事件间的关系及运算基本上与集合间的关系及运算是一致的，用表 1-6 加以对照说明.

表 1-6 各记号在概率论与集合论中的比较

记号	概率论中	集合论中
U	必然事件	全集
$\varnothing$	不可能事件	空集
A	事件	子集
$A \subset B$	事件 A 发生,则 B 一定发生	A 是 B 的子集
$A = B$	事件 A 与 B 是同一事件	A 与 B 相等
$A + B$	事件 A 与 B 中至少有一个发生	A 与 B 的并集
AB	事件 A 与 B 同时发生	A 与 B 的交集
$A - B$	事件 A 发生,而 B 不发生	A 与 B 的差集
$AB = \varnothing$	事件 A 与 B 互不相容	A 与 B 的交集为空集
$\overline{A}$	A 的对立事件	A 的补集

这里要特别强调一下对立事件的概念.

若事件 A 发生,则其对立事件是"A 不发生"记为 $\overline{A}$.例如,从一批产品中任取 3 件产品,设

$$A = \{其中至少有 1 件是次品\}$$

那么 A 的对立事件是

$$\overline{A} = \{其中没有次品\} = \{其中全是正品\}$$

而事件"其中至多有 1 件是次品""其中至多有 1 件是正品""其中至少有 1 件是正品"作为事件 A 的对立事件都是不对的.

(二)关于概率

1. 概率概念

概率是随机事件发生的可能性大小的一种度量,是依据经验或对事物的分析,预测事件出现的可能性的大小.对一个事件而言,真实的情况是:它要么发生,要么不发生,只有这两种可能.也就是说,试验后不可能有一部分发生的情况出现.尽管如此,在试验过程中我们却可以说它有 90% 的可能性发生,这就是概率.

必须强调一点:说"明天下雨的概率是 80%",这意味着明天下雨的可能性很大,而"下"与"不下"必具其一.

2. 概率的定义

概率是事件在随机试验中发生的可能性大小的数值度量.事件在试验中可能发生也可能不发生,是随机性的表现;事件在试验中发生的可能性大小是客观的,与试验本身无关.实践表明,事件在试验中发生的可能性大小是可以用数值来度量的.用概率这个概念度量事件在试验中发生的可能性大小,正如同用"米""毫米"度量线段的长短,用"公斤""克"度量物体的质量一

样.常用 $P(A)$ 表示事件 A 发生的概率,即事件 A 出现的可能性大小.

(1)概率的统计定义.在一组相同的条件下重复 n 次试验,如果事件 A 发生的频率 $f_n(A)$ 在某个常数 p 附近摆动,而且随着试验次数 n 的增大,摆动的幅度将减小,则称常数 p 为事件 A 的概率,记作 $P(A)=p$.

简单地说:"频率具有稳定性的事件叫随机事件,频率的稳定值叫做该随机事件的概率."

频率与概率不同,频率具有随机性、波动性,概率具有稳定性、确定性,但是又常常用频率作为概率的近似值.

(2)概率的古典定义.古典概型的概率是基于:

1)试验结果的个数是有限的,即基本事件的个数是有限的,如 n 个;

2)每个试验结果出现的可能性相同,即每个基本事件发生的可能性是相同的;

3)在任一试验中,只能出现一个结果,也就是有限个基本事件是两两互不相容的.

如果 n 个结果中有 m 个导致事件 A 发生,于是事件 A 的概率为

$$P(A)=\frac{m}{n}$$

(3)条件概率的定义.条件概率是一个重要的而且较难理解的概念.在同一个试验条件下,对两个事件 A 与 B,讨论在事件 A 出现的情况下,事件 B 出现的概率,就是 B 关于 A 的条件概率,记为 $P(B|A)$.所谓条件概率就是又附加了某一条件(如事件 A 出现)下的概率.

例如抓阄不分先后,若两个人依次抓阄,设事件

$$A_1=\{第一个人抓到"有"\}, A_2=\{第二个人抓到"有"\}.$$

显然有

$$P(A_1)=\frac{1}{2}, P(\overline{A_1})=\frac{1}{2}$$

且

$$P(A_2|A_1)=0, P(A_2|\overline{A_1})=1$$

又因为

$$A_2=UA_2=(A_1+\overline{A_1})A_2$$
$$=A_1A_2+\overline{A_1}A_2=\varnothing+\overline{A_1}A_2$$
$$=\overline{A_1}A_2$$

所以

$$P(A_2)=P(\overline{A_1}A_2)=P(\overline{A_1})P(A_2|\overline{A_1})$$
$$=\frac{1}{2}\times 1=\frac{1}{2}$$

由此可知,两个人依次抓阄,每人抓到"有"的可能性都是 $1/2$.而 0 或 1 只是在第一个人抓到"有"或抓不到"有"的情况下,第二个人能抓到"有"的条件概率.

(三)关于加法公式和乘法公式

概率的加法公式和乘法公式是概率的两个重要运算法则.在用加法公式时,当 A,B 是两

个互不相容事件时,事件 $A+B$ 的概率用狭义加法公式
$$P(A+B)=P(A)+P(B) \quad (AB=\emptyset)$$
计算;当 A,B 为两个任意事件时,事件 $A+B$ 的概率应该用广义加法公式
$$P(A+B)=P(A)+P(B)-P(AB)$$
计算.

在用乘法公式时,首先要理解条件概率的概念,其次要搞清事件积的概念.并要注意一般的乘法公式
$$P(AB)=P(A|B)P(B) \quad [P(B)\neq 0]$$
$$P(AB)=P(B|A)P(A) \quad [P(A)\neq 0]$$
和独立事件的乘法公式
$$P(AB)=P(A)P(B) \quad (\text{事件 } A,B \text{ 独立})$$
是不同的,当然在这两种形式的公式中独立事件的乘法公式用得更多些.

(四)关于独立性、对立事件与互不相容性

两个事件 A,B 相互独立的充分必要条件是
$$P(AB)=P(A)P(B)$$
或
$$P(A|B)=\frac{P(A)P(B)}{P(B)}=P(A)$$
从后式更容易看出,所谓两个事件互相独立,就是事件 B 的发生与否不影响事件 A 的发生.同样地,$P(B|A)=P(B)$,也即事件 A 的发生与否也不影响事件 B 的发生.

在实际应用中,事件的独立性常常不是根据定义判断,而是根据实际问题(意义)来加以判断.如一部仪器上工作的两个元器件,它们各自的工作状况互相是独立的;两个人同时射击一个目标,他们各自命中的状况也是独立的.

独立事件的一个重要结论是:若事件 A 与 B 独立,则 A 与 $\overline{B}$,$\overline{A}$ 与 B 以及 $\overline{A}$ 与 $\overline{B}$ 均独立.

任意一个事件 A,必有事件 $\overline{A}$,事件 A 与 $\overline{A}$ 是对立事件这两个事件有特殊的关系.事件 A 与 B 是对立事件必须满足 $A+B=U$;$AB=\emptyset$.记为 $B=\overline{A}$.它们不一定独立.

对立事件之和的概率公式
$$P(A)+P(\overline{A})=1$$
或
$$P(\overline{A})=1-P(A)$$
是很有用的.在计算概率时,$P(A)$ 和 $P(\overline{A})$ 之中哪一个容易计算,就先求哪一个,另一个由上述公式求得.

事件的互不相容性是针对两个或两个以上事件的关系而言的.就两个事件而言,如果事件 A,B 互不相容,即 $AB=\emptyset$,显然有 $P(AB)=0$.它与事件独立、事件对立都不同.

事件 A 与 B 互不相容只表示这两个事件不能同时发生,但却允许它们同时都不发生;而

事件 A 与 B 对立时，A 与 B 既不能同时发生，也不能同时都不发生，即 A 发生时，B 一定不发生，而 A 不发生时，B 一定发生，因此对立的两个事件一定是互不相容的事件，反之，两个互不相容的事件不一定是对立事件．只有当两个互不相容事件再满足它们之和是必然事件的条件，才能构成对立事件．

一般情况下，两个事件独立与否是在相容情况下考虑的，即当 $P(A)>0, P(B)>0$ 时，由 $P(AB)=P(A)P(B)\neq 0$ 可知，事件 A、B 独立，一定有 A、B 相容，反之不真．

总之，一般来说独立事件不能是对立事件，独立事件是相容事件；对立事件是互不相容事件，不是独立事件；互不相容事件不是对立事件，也不是独立事件．

二、典型例题

例 1 设袋内有 10 个编号为 1~10 的球，从中任取 1 个，观察其号码．

(1) 若设 $A=\{$取得的球的号码是奇数$\}$，$B=\{$取得的球的号码是偶数$\}$，$C=\{$取得的球的号码小于 5$\}$，$D=\{$取得的球的号码大于 5$\}$，则下列各表示什么事件？

①$A+B$，　②AB，　③$\overline{C}$，　④$A+C$，　⑤AC，

⑥$\overline{A}\,\overline{C}$，　⑦$\overline{B+C}$，　⑧$\overline{B}\overline{C}$，　⑨$A-C$，　⑩$C-A$；

(2) 事件 A 与 B 是否互不相容？

(3) 事件 C 与 D 是否互不相容？

(4) 事件 AC 与 $\overline{A}\,\overline{C}$ 是否互不相容？

解 设 $\omega_i=\{$取得的球的号码为 $i\}(i=1,2,\cdots,10)$，则这个试验的样本空间为 $U=\{\omega_1, \omega_2,\cdots,\omega_{10}\}$，而 $\omega_1,\omega_2,\cdots,\omega_{10}$ 就是基本事件，它们构成了一个完备事件组．

(1) ① $A+B=\{$取得的球的号码是奇数或是偶数$\}$，它是必然事件，即 $A+B=U$．

② $AB=\{$取得的球的号码既是奇数又是偶数$\}$，它是不可能事件，即 $AB=\varnothing$．

③ $\overline{C}=\{$取得的球的号码大于等于 5$\}$，即
$$\overline{C}=\{\omega_5,\omega_6,\omega_7,\omega_8,\omega_9,\omega_{10}\}.$$

④ $A+C=\{$取得的球的号码是奇数或是小于 5$\}$，即
$$A+C=\{\omega_1,\omega_2,\omega_3,\omega_4,\omega_5,\omega_7,\omega_9\}.$$

⑤ $AC=\{$取得的球的号码是小于 5 的奇数$\}$，即
$$AC=\{\omega_1,\omega_3\}.$$

⑥ $\overline{A}\,\overline{C}=\{$取得的球的号码是大于 5 的偶数$\}$，即
$$\overline{A}\,\overline{C}=\{\omega_6,\omega_8,\omega_{10}\}.$$

⑦ $\overline{B+C}=\{$取得的球的号码不是偶数也不小于 5$\}$，也就是 $\{$取得的球的号码是大于等于 5 的奇数$\}$，即
$$\overline{B+C}=\overline{B}\,\overline{C}=\{\omega_5,\omega_7,\omega_9\}.$$

⑧ $\overline{BC}$={取得的球的号码不是小于5的偶数},也就是{取得的球的号码是奇数或大于等于5},即
$$\overline{BC}=\overline{B}+\overline{C}=\{\omega_1,\omega_3,\omega_5,\omega_6,\omega_7,\omega_8,\omega_9,\omega_{10}\}.$$

⑨ $A-C$={取得的球的号码是奇数但不小于5},也就是{取得的球的号码是大于等于5的奇数},即
$$A-C=\{\omega_5,\omega_7,\omega_9\}.$$

⑩ $C-A$={取得的球的号码是小于5但不能是奇数},也就是{取得的球的号码是小于5的偶数},即
$$C-A=\{\omega_2,\omega_4\}.$$

(2)事件 A 与 B 互不相容,因为取得的球的号码不会既是奇数又是偶数,即 $AB=\varnothing$,同时又因为 $A+B=U$,所以 A 与 B 是对立事件.

(3)事件 C 与 D 互不相容,因为取得的球的号码不会既小于5同时又大于5,即 $CD=\varnothing$,但 C 与 D 不是对立事件,因为
$$C+D=\{\omega_1,\omega_2,\omega_3,\omega_4,\omega_6,\omega_7,\omega_8,\omega_9,\omega_{10}\}\neq U$$

(4)因为 $AC=\{\omega_1,\omega_3\}$, $\overline{A}\,\overline{C}=\{\omega_6,\omega_8,\omega_{10}\}$,
所以
$$(AC)(\overline{A}\,\overline{C})=\varnothing,$$
但
$$AC+\overline{A}\,\overline{C}=\{\omega_1,\omega_3,\omega_6,\omega_8,\omega_{10}\}\neq U,$$
因此,事件 AC 与 $\overline{A}\,\overline{C}$ 是互不相容,但不是对立事件.

例2 设 A,B,C 为三个事件,用事件运算表示以下事件.

(1) A,B,C 同时发生;

(2) A 发生但 B,C 不发生;

(3) A,B 发生但 C 不发生;

(4) A,B,C 至少有一个发生;

(5) A,B,C 只有一个发生.

解 要正确表示事件,首先要准确理解所要表示的事件的意义及事件运算的定义,同一事件可以有不同的表示方式.

(1)事件 A,B,C 同时发生就是这三个事件的积,即 $A\cdot B\cdot C$.

(2)因为事件 B 不发生为 $\overline{B}$,事件 C 不发生为 $\overline{C}$,所以事件 A 发生但 B,C 不发生就是 $A,\overline{B},\overline{C}$ 的积,即 $A\cdot\overline{B}\cdot\overline{C}$.

又因为事件 $\overline{B}\cdot\overline{C}=\overline{B+C}$,所以事件 A 发生但 B,C 不发生也可以表示为
$$A\cdot\overline{(B+C)}=A-(B+C).$$

(3)事件 A,B 发生但 C 不发生可以表示为 $A\cdot B\cdot\overline{C}$.

(4) 事件 A,B,C 至少有一个发生,是指 A,B,C 中只有一个发生,或恰有两个发生,或三个都发生.因此,A,B,C 至少有一个发生可以表示为 $A+B+C$.

(5) 事件 A,B,C 只有一个发生,是指只有事件 A 发生,或只有事件 B 发生,或只有事件 C 发生.因此 A,B,C 只有一个发生,可以表示为 $A\bar{B}\bar{C}+\bar{A}B\bar{C}+\bar{A}\bar{B}C$.

例 3 同时掷两枚均匀的骰子,求:

(1) 点数之和等于 5 的概率;

(2) 点数之和不大于 3 的概率;

(3) 点数之和大于 2 的概率.

解 该试验的样本空间 $U=\{(1,1),(1,2),\cdots,(1,6),(2,1),\cdots,(2,6),\cdots,(6,1),\cdots,(6,6)\}$,共有 36 个样本点(基本事件),由于骰子是均匀的,每个样本点出现的可能性是相同的.

(1) 设事件 $A=\{$点数之和等于 $5\}$,则 A 包含 4 个样本点,$A=\{(1,4),(2,3),(3,2),(4,1)\}$,所以

$$P(A)=\frac{4}{36}=\frac{1}{9}$$

(2) 设事件 $B=\{$点数之和不大于 $3\}$,$B_1=\{$点数之和等于 $2\}$,$B_2=\{$点数之和等于 $3\}$,则事件 B_1 包含 1 个样本点,B_2 包含 2 个样本点,所以

$$P(B_1)=\frac{1}{36}, P(B_2)=\frac{1}{18}$$

由于 $B=B_1+B_2$,且 $B_1B_2=\varnothing$,即 B_1,B_2 是互不相容事件,故由加法公式得

$$P(B)=P(B_1)+P(B_2)$$

$$=\frac{1}{36}+\frac{1}{18}=\frac{1}{12}$$

(3) 设事件 $C=\{$点数之和大于 $2\}$,则 $\bar{C}=B_1$,且

$$P(C)=1-P(\bar{C})=1-P(B_1)$$

$$=1-\frac{1}{36}=\frac{35}{36}$$

例 4 已知 10 个产品中有 7 个正品,3 个次品,每次从中任取 1 个,不放回地取 3 次,求取到 2 个正品 1 个次品的概率.

解 设事件 $A=\{$取到 2 个正品 1 个次品$\}$,将试验理解为从 10 个产品中一次任取 3 个产品,取法有(基本事件)C_{10}^3,即 $n=C_{10}^3$;而取到 2 个正品的取法有 C_7^2,取到 1 个次品的取法有 C_3^1,那么事件 A 包含的基本事件的个数 $m=C_7^2C_3^1$.所以

$$P(A)=\frac{C_7^2C_3^1}{C_{10}^3}$$

$$=\frac{21}{40}=0.525$$

说明:如果按题目原意分三次取产品,由于要考虑取到的 3 个产品中的 1 个次品是哪一次取到的,问题就变得复杂,事件 A 包含的样本点数就不容易计算.所以对这类问题,除了要分清无放回抽取与有放回抽取的区别,还要学会将问题简化.

例 5 设 A,B 是两个随机事件,已知 $P(A)=0.5, P(B)=0.6, P(B|\bar{A})=0.4$,求:

(1) $P(\bar{A}B)$;　　　　(2) $P(AB)$;　　　　(3) $P(A+B)$.

解 (1)利用乘法公式 $P(\bar{A}B)=P(\bar{A})P(B|\bar{A})$ 和加法公式的推论 $P(\bar{A})=1-P(A)$ 求之.

因为
$$P(A)=0.5, P(B|\bar{A})=0.4$$

所以
$$\begin{aligned}P(\bar{A}B)&=P(\bar{A})P(B|\bar{A})\\&=[1-P(A)]P(B|\bar{A})\\&=(1-0.5)\times 0.4=0.2\end{aligned}$$

(2)利用事件积与差之间的运算关系 $AB=B-\bar{A}B$,加法公式的推论 2:"若随机事件 $B\subset A$,则 $P(A-B)=P(A)-P(B)$"及(1)的结果求之.

因为
$$AB=B-\bar{A}B, B\supset \bar{A}B$$

所以
$$\begin{aligned}P(AB)&=P(B-\bar{A}B)\\&=P(B)-P(\bar{A}B)\\&=0.6-0.2=0.4\end{aligned}$$

(3)利用广义加法公式
$$\begin{aligned}P(A+B)&=P(A)+P(B)-P(AB)\\&=0.5+0.6-0.4=0.7\end{aligned}$$

说明:应用概率加法与乘法公式,应先将所求概率的事件用简单的事件表示,因此必须熟练掌握事件之间的关系及其运算.

例 6 一个盒子中放有 5 个球,2 个白球和 3 个黑球.甲、乙两人依次从盒中取出 1 球(均不再放回),求:

(1)甲取出的是白球的概率;

(2)乙取出的是白球的概率.

解 (1)"盒子中放有 5 个球"说明基本事件的个数是 5.甲先取且取出的是白球,这一事件涉及 2 个基本事件,利用古典概型求之.

设事件 $A=\{$甲取出的是白球$\}$,则
$$P(A)=\frac{2}{5}$$

(2)因"甲、乙两人依次从盒中取出1个球",故事件 $B=\{$乙取出的是白球$\}$,要考虑"甲、乙取到的都是白球"和"甲取出的是黑球,乙取出的是白球"两种情况,即把事件 B 写成两个互不相容事件 AB 与 $\overline{A}B$ 的和.再应用加法公式与乘法公式求之.

设事件 $B=\{$乙取出的是白球$\}$,则 $B=AB+\overline{A}B$,其中 AB 与 $\overline{A}B$ 是互不相容的.

由乘法公式

$$P(AB)=P(A)P(B|A)$$
$$P(\overline{A}B)=P(\overline{A})P(B|\overline{A})$$

在甲取出了1个白球的条件下,盒中还剩1个白球和3个黑球,故 $P(B|A)=1/4$.
同理可得,$P(B|\overline{A})=2/4=1/2$.由此可得

$$P(AB)=P(A)P(B|A)$$
$$=\frac{2}{5}\times\frac{1}{4}=\frac{1}{10}$$
$$P(\overline{A}B)=P(\overline{A})P(B|\overline{A})$$
$$=\frac{3}{5}\times\frac{1}{2}=\frac{3}{10}$$

由加法公式得

$$P(B)=P(AB)+P(\overline{A}B)$$
$$=\frac{1}{10}+\frac{3}{10}=\frac{2}{5}$$

例7 三家工厂生产的同一种产品放在一起,第二家工厂的产品是第三家工厂产品的2倍,而第一家工厂的产品是第二、第三两家工厂产品总和的2倍.已知这三家工厂的产品次品率分别为 0.05,0.02 和 0.01,现从这批产品中任取1件,求取出的产品是次品的概率.

解 因为三家工厂生产的产品量和次品率均已知道,且三家工厂生产的产品量构成一个完备事件组,所以本题可以利用全概率公式求之.

对于任意取出的1件产品,设事件 $A_i=\{$产品是第 i 家工厂生产的$\}(i=1,2,3)$,$B=\{$取出的产品是次品$\}$.则

$$P(A_1)=\frac{6}{9},P(A_2)=\frac{2}{9},P(A_3)=\frac{1}{9},$$
$$P(B|A_1)=0.05,P(B|A_2)=0.02,P(B|A_3)=0.01$$

因为 A_1,A_2,A_3 是互不相容的,且 $B\subset A_1+A_2+A_3$,由全概率公式得

$$P(B)=P(A_1)P(B|A_1)+P(A_2)P(B|A_2)+P(A_3)P(B|A_3)$$
$$=\frac{6}{9}\times 0.05+\frac{2}{9}\times 0.02+\frac{1}{9}\times 0.01$$
$$\approx 0.039$$

说明:使用全概率公式计算事件 B 的概率的关键是要找到个完备事件组 $A_1,A_2,\cdots,A_n$,使得 B 能且仅能与 $A_1,A_2,\cdots,A_n$ 之一同时发生.如果把 $A_1,A_2,\cdots,A_n$ 看成是导致 B 发生的组

原因,那么 $A_1,A_2,\cdots,A_n$ 比较容易找到,而 $P(A_i)$ 与 $P(B|A_i)(i=1,2,\cdots,n)$ 可以用古典概率及概率的加法、乘法公式计算得出.

例 8 加工某一零件共需经过 4 道工序,设第 1,2,3,4 道工序出次品的概率分别为 0.02, 0.03,0.05,0.04,各道工序互不影响,求加工出的零件的次品率.

解 因为第 1,2,3,4 道工序出次品的事件是相互独立的,且"加工出的零件是次品"事件是第 1,2,3,4 道工序出次品的事件之和.所以,可以利用公式

$$P(A_1+A_2+A_3+A_4)=1-P(\overline{A_1+A_2+A_3+A_4})$$
$$=1-P(\overline{A_1})P(\overline{A_2})P(\overline{A_3})P(\overline{A_4})$$

求之.

设事件 $A_i=\{$第 i 道工序出次品$\}(i=1,2,3,4)$,$B=\{$加工出的零件为次品$\}$,则有

$$B=A_1+A_2+A_3+A_4$$

因为 A_1,A_2,A_3,A_4 相互独立,那么 $\overline{A_1},\overline{A_2},\overline{A_3},\overline{A_4}$ 也相互独立.

所以

$$P(B)=1-P(\overline{B})=1-P(\overline{A_1+A_2+A_3+A_4})$$
$$=1-P(\overline{A_1}\cdot\overline{A_2}\cdot\overline{A_3}\cdot\overline{A_4})$$
$$=1-P(\overline{A_1})P(\overline{A_2})P(\overline{A_3})P(\overline{A_4})$$
$$=1-0.98\times0.97\times0.95\times0.96$$
$$=0.133$$

例 9 某篮球运动员投篮的命中率为 0.8,他投 6 次,求:
(1)恰中 4 次的概率;　　　(2)至少中 2 次的概率.

解 这个问题可以看作伯努利概型,即假设运动员每次投篮都是相互独立的,每次的命中率保持不变.

设事件 $A_i=\{$恰有 i 次命中$\},(i=0,1,2,3,4,5,6)$,$B=\{$至少 2 次命中$\}$.

(1)由伯努利概型的概率计算公式,得

$$P(A_4)=C_6^4\times0.8^4\times0.2^2$$
$$=0.246$$

(2)因为 $\overline{B}=A_0+A_1$,且 $A_0\cdot A_1=\emptyset$.

所以

$$P(B)=1-P(\overline{B})$$
$$=1-[P(A_0)+P(A_1)]$$
$$=1-(C_6^0\times0.8^0\times0.2^6+C_6^1\times0.8^1\times0.2^5)$$
$$=1-0.000\ 064-0.001\ 536$$
$$=0.998\ 4$$

说明:(1)独立试验的特点是各次试验 $E_1,E_2,\cdots,E_n$ 是相互独立的.从而若 A_i 是第 i 次试验 $E_i(i=1,2,\cdots,n)$ 的有关事件,那么 $A_1,A_2,\cdots,A_n$ 是相互独立的,可用事件相互独立的

有关结论解题.

(2)伯努利试验是独立试验中重要的一类试验,它可用来计算在 n 次重复试验中某个事件 A 恰好发生 $k(0 \leqslant k \leqslant n)$ 次的概率.从而也可以计算 A 至少发生 $k(0 \leqslant k \leqslant n)$ 次或 A 最多发生 k 次的概率.

例10 掷一枚均匀硬币直到出现3次正面才停止,问正好在第6次停止的情况下,第5次也是正面的概率是多少?

解 设事件 $A=\{$第5次是正面$\}$,$B=\{$第6次是正面$\}$,$C=\{$前4次有1次正面$\}$,$D=\{$前5次有2次正面$\}$,$E=\{$正好在第6次停止$\}$.

显然,本题要求的是 $P(A|E)$.而所设各事件的关系为

$$E = BD$$
$$P(A|E) = P(A|BD)$$
$$= \frac{P(ABD)}{P(DB)}.$$

因为 B 与 D 相互独立,且 B 与 AD 相互独立.
所以

$$P(A|E) = \frac{P(AD)P(B)}{P(D)P(B)}$$
$$= \frac{P(AD)}{P(D)}$$
$$= \frac{P(A)P(D|A)}{P(D)}$$

又因为事件 C 的概率值等于事件 A 发生的条件下事件 D 的概率值,而

$$P(C) = C_4^1 \left(\frac{1}{2}\right)^4 = \frac{1}{4}$$
$$P(D) = C_5^2 \left(\frac{1}{2}\right)^5 = \frac{5}{16}$$
$$P(A) = \frac{1}{2}$$

所以

$$P(A|E) = \frac{\frac{1}{2} \times \frac{1}{4}}{\frac{5}{16}} = \frac{2}{5}$$

自我测试题

一、填空题

1. 从数字 1,2,3,4,5 中任取 3 个,组成没有重复数字的三位数,则这个三位数是偶数的

概率为_____.

2. 从 n 个数字中有返回地任取 r 个数($r\leq n$，且 n 个数字互不相同)，则取到的 r 个数字中有重复数字的概率为_____.

3. 有甲、乙、丙 3 个人，每个人都等可能地被分配到 4 个房间中的任一间内，则 3 个人分配在同一间的概率为_____；3 个人分配在不同房间的概率为_____.

4. 已知 $P(A)=0.3, P(B)=0.5$，则当事件 A,B 互不相容时，$P(A+B)=$ _____，$P(\overline{AB})=$ _____.

5. A,B 为两个随机事件，且 $B\subset A$，则 $P(A+B)=$ _____.

6. 已知 $P(AB)=P(\overline{A}\,\overline{B})$，$P(A)=p$，则 $P(B)=$ _____.

7. 若事件 A,B 相互独立，且 $P(A)=p, P(B)=q$，则 $P(A+B)=$ _____.

8. 从 52 张扑克牌中任意抽取 13 张，则抽到 5 张黑桃，4 张红心，3 张方块，1 张草花的概率为_____.

9. 设 A,B 互不相容，且 $P(A)>0$，则 $P(B|A)=$ _____；若 A,B 相互独立，且 $P(A)>0$，则 $P(B|A)=$ _____.

10. 已知 $P(A)=0.3, P(B)=0.5$，则当事件 A,B 相互独立时，$P(A+B)=$ _____，$P(A|B)=$ _____.

二、选择题

1. A,B 为任意两个事件，则( )成立.

(A) $(A+B)-B=A$ (B) $(A+B)-B\subset A$

(C) $(A-B)\cup B=A$ (D) $(A-B)\cup B\subset A$

2. 如果( )成立，则事件 A 与 B 互为对立事件.

(A) $AB=\varnothing$ (B) $A+B=U$

(C) $AB=\varnothing$ 且 $A+B=U$ (D) A 与 $\overline{B}$ 互为对立事件

3. 袋中有 5 个黑球，3 个白球，一次随机地摸出 4 个球，其中恰有 3 个白球的概率为( ).

(A) $\dfrac{5}{C_8^4}$ (B) $\left(\dfrac{3}{8}\right)^5 \dfrac{1}{8}$

(C) $C_8^4 \left(\dfrac{3}{8}\right)^5 \dfrac{1}{8}$ (D) $\dfrac{3}{8}$

4. 10 张奖券中含有 3 张中奖的奖券，每人购买 1 张，则前 3 个购买者中恰有一人中奖的概率为( ).

(A) $C_{10}^3 \times 0.7^2 \times 0.3$ (B) 0.3

(C) $\dfrac{7}{40}$ (D) $\dfrac{21}{40}$

5. 同时掷 3 枚均匀硬币，恰好有 2 枚正面向上的概率为( ).

(A)0.5　　　　　　　　　　　　(B)0.25
(C)0.125　　　　　　　　　　　(D)0.375

6. 已知 $P(B)>0, A_1A_2=\varnothing$，则（　　）成立
(A)$P(A_1|B)>0$
(B)$P[(A_1+A_2)|B]=P(A_1|B)+P(A_2|B)$
(C)$P(A_1\overline{A_2}|B)\neq 0$
(D)$P(\overline{A_1}\overline{A_2}|B)=1$

7. 对于事件 A,B，命题（　　）正确
(A)如果 A,B 互不相容，则 $\overline{A},\overline{B}$ 互不相容
(B)如果 $A\subset B$，则 $\overline{A}\subset B$
(C)如果 A,B 对立，则 $\overline{A},\overline{B}$ 也对立
(D)如果 A,B 互不相容，则 A,B 对立

8. 每次试验的成功率为 $p(0<p<1)$，则在3次重复试验中至少失败1次的概率为（　　）.
(A)$(1-p)^3$　　　　　　　　　(B)$1-p^3$
(C)$3(1-p)$　　　　　　　　　(D)$(1-p)^3+p(1-p)^2+p^2(1-p)$

三、计算与证明题

1. 掷一枚均匀的骰子，说明事件 A,B,C,D,E 各是哪类事件（随机事件、必然事件、不可能事件）及这些事件的关系.

　　$A=\{$出现1点$\}$；　　　　　　　$B=\{$出现7点$\}$；
　　$C=\{$出现点数不超过3点$\}$；　　$D=\{$出现正整数点$\}$；
　　$E=\{$出现点数大于2$\}$.

2. 用事件 A,B,C 表示以下事件：
(1)只有事件 A 发生；
(2)A,B,C 不都发生；
(3)A,B,C 都不发生；
(4)A,B,C 不多于一个发生；
(5)A,B,C 至少有两个发生.

3. 已知100件产品中有20件次品，80件正品，从中任取10件，试求：
(1)恰有2件次品的概率；
(2)至少有2件次品的概率.

4. 从装有5个白球，6个黑球的袋中逐个地任意取出3个球，求顺序为黑白黑球的概率.

5. 在4个人中，问至少有2个人的生日在同一个月的概率是多少？

6. 从数字1,2,3,4,5中任取3个，组成没有重复数字的三位数，试求：
(1)这个三位数是5的倍数的概率；

(2)这个三位数大于 400 的概率.

7. 一批产品共 100 件,对其进行抽样检查,若检查的 5 件中至少有 1 件次品,则认为该批产品不合格而拒收.若该批产品中有 5 件次品,问该批产品被拒收的概率是多少?

8. 试证下列结论:
(1)若事件 A,B 互不相容,则 $P(A\bar{B})=P(A)$;
(2)事件 A,B 恰有一个发生的概率是 $P(A)+P(B)-2P(AB)$;
(3)设 A,B 为两事件,则 $P(AB) \geqslant P(A)+P(B)-1$.

9. 三个人独立地破译一个密码,他们能译出的概率分别为 $\frac{1}{5},\frac{1}{3},\frac{1}{4}$,问能将此密码译出的概率是多少?

10. 在 4 次独立试验中,事件 A 至少出现 1 次的概率为 0.590 4,问在 1 次试验中 A 出现的概率是多少?

11. 一个人看管 3 台机器,一段时间内,3 台机器因故障要人看管的概率分别 0.1,0.2,0.15,求一段时间内
(1)没有 1 台机器要看管的概率;
(2)至少 1 台机器不要看管的概率;
(3)至多 1 台机器要看管的概率.

12. 两批相同的产品各有 12 件和 10 件,在每一批产品中都有 1 个废品,今从第一批中任意地抽取 2 件放入第二批中,再从第二批中任取 1 件,求从第二批中取出的是废品的概率.

第2章 随机变量及其数字特征

学习目标

1. 理解随机变量的概率分布、概率密度概念,了解分布函数的概念,掌握有关随机变量的概率计算.

2. 了解期望、方差与标准差等概念,掌握求期望、方差与标准差的方法.

3. 熟练掌握几种常用离散型和连续型随机变量的分布以及它们的期望与方差.会查正态分布表.

4. 知道二维随机变量及其联合分布、边缘分布等概念,了解随机变量独立性概念.

5. 了解二维随机变量期望、方差、协方差、相关系数等概念.掌握两个随机变量的期望与方差及其有关性质.

前面,我们学习了用事件描述随机现象,为了进一步研究,还需要引入随机变量来描述随机现象.本章主要介绍随机变量的概念、两类随机变量的概率分布和概率密度、分布函数的概念,并介绍一些常见的分布和随机变量的数字特征.

2.1 随机变量及其分布

2.1.1 随机变量的概念

在学习随机事件时,我们注意到它的以下特点:在一次试验中是否发生是不确定的;在大量重复试验中发生的规律性是确定的.现在让我们再观察下面几个例子.

例1 在10件同类型产品中,有3件次品,现任取2件,用一个变量X表示"2件中的次品数",X的取值是随机的,可能的取值有0,1,2.显然"$X=0$"表示次品数为0,它与事件"取出的2件中没有次品"是等价的.由此可知,"$X=1$"等价于"恰好有1件次品","$X=2$"等价于"恰好有2件次品".于是由古典概率可求得

$$P\{X=0\}=\frac{C_3^0 C_7^2}{C_{10}^2}=\frac{7}{15}$$

$$P\{X=1\}=\frac{C_3^1 C_7^1}{C_{10}^2}=\frac{7}{15}$$

$$P\{X=2\}=\frac{C_3^2 C_7^0}{C_{10}^2}=\frac{1}{15}$$

此结果可归纳成统一形式

$$P\{X=i\}=\frac{C_3^i C_7^{2-i}}{C_{10}^2}(i=0,1,2)$$

例 2 某选手射击一次的命中率为 $p=0.4$,现射击 5 次,命中次数用 Y 表示,它的取值是随机的,可能的取值有 $0,1,2,3,4,5$.显然"$Y=i$"等价于"5 次射击中,恰有 i 次命中"($i=0,1,\cdots,5$).由于各次射击是独立进行的,故由二项概率计算公式知

$$P\{Y=i\}=C_5^i p^i (1-p)^{5-i}=C_5^i \times 0.4^i \times 0.6^{5-i}, i=0,1,\cdots,5$$

例 3 考虑"测试电子管寿命"这一试验,用 Z 表示它的寿命(单位:小时),则 Z 的取值随着试验结果的不同而在连续区间 $(0,+\infty)$ 上取不同的值,当试验结果确定后,Z 的取值也就确定了.

上面 3 个例子中的 X,Y,Z 具有下列特征:

1)取值是随机的,事前并不知道取到哪一个值;
2)所取的每一个值,都相应于某一随机事件;
3)所取的每个值的概率大小是确定的.

一般地,如果一个变量,它的取值随着试验结果的不同而变化着,当试验结果确定后,它所取的值也就相应地确定,这种变量称为**随机变量**.随机变量可用大写字母 $X,Y,Z,\cdots$(或希腊字母 $\xi,\eta,\zeta,\cdots$)表示.

值得注意的是,用随机变量描述随机现象时,若随机现象比较容易用数量来描述.例如:测量误差的大小、电子管的使用时间、产品的合格数、某一地区的降雨量等,则直接令随机变量 X 为误差、使用时间、合格数、降雨量等即可,而且 X 可能取的值,就可取误差、时间、合格数、降雨量等.实际中还常遇到一些似乎与数量无关的随机现象,则可以 X 的不同取值作为记号加以区分.例如:某人打靶一次能否打中,可用随机变量 X 取值 1 时代表子弹中靶,取值 0 时代表子弹脱靶来加以描述.

不论对什么样的随机现象,都可以用随机变量来描述.这样对随机现象的研究就更突出了数量这一侧面,就可以更深入、更细致地讨论问题.以后会看到,对随机事件的研究完全可以转化为对随机变量的研究.

根据随机变量取值的情况,我们可以把随机变量分为两类:离散型随机变量和非离散型随机变量.若随机变量 X 的所有可能取值可以一一列举,也就是所取的值是有限个或可列多个时,则称为**离散型随机变量**,如例1、例2中的随机变量都是离散型随机变量;若随机变量 X 的

所有可能取值充满一个区间时,则称为**连续型随机变量**.如例 3 中的随机变量就是连续型随机变量.

对一个随机变量不仅要了解它的取值,而且要了解它取值的规律,即取值的概率.通常把 X 取值的概率称为 X **的分布**.

2.1.2 离散型随机变量

定义 2.1 设随机变量 X 的所有可能取值为 $x_1, x_2, \cdots, x_k, \cdots$,并且 X 取值相应的概率分别为

$$p_k = P\{X = x_k\}, k = 1, 2, \cdots$$

则称上式为离散型随机变量 X 的**概率分布**或**分布列**,简称**分布**.

为清楚起见,X 及其分布列也可以用如下形式表示

$$\begin{bmatrix} x_1 & x_2 & \cdots & x_k & \cdots \\ p_1 & p_2 & \cdots & p_k & \cdots \end{bmatrix}$$

由概率的性质可知,p_k 满足如下性质:

性质 1 $p_k > 0, k = 1, 2, \cdots$

性质 2 $\sum_{k=1}^{\infty} p_k = 1$

作为例子,我们写出前面 2 个例子的概率分布:

例 1 中"任取 2 件,2 件中的次品件数 X"的概率分布是

$$\begin{bmatrix} 0 & 1 & 2 \\ \dfrac{7}{15} & \dfrac{7}{15} & \dfrac{1}{15} \end{bmatrix}$$

例 2 中命中次数 Y 取 $0, 1, \cdots, 5$ 的概率

$$P\{Y=0\} = C_5^0 \cdot 0.4^0 \cdot 0.6^5 = 0.078$$
$$P\{Y=1\} = C_5^1 \cdot 0.4^1 \cdot 0.6^4 = 0.259$$
$$P\{Y=2\} = C_5^2 \cdot 0.4^2 \cdot 0.6^3 = 0.346$$
$$P\{Y=3\} = C_5^3 \cdot 0.4^3 \cdot 0.6^2 = 0.230$$
$$P\{Y=4\} = C_5^4 \cdot 0.4^4 \cdot 0.6^1 = 0.077$$
$$P\{Y=5\} = C_5^5 \cdot 0.4^5 \cdot 0.6^0 = 0.010$$

于是得到"5 次射击中恰有 i 次命中"的概率分布是

$$\begin{bmatrix} 0 & 1 & 2 & 3 & 4 & 5 \\ 0.078 & 0.259 & 0.346 & 0.230 & 0.077 & 0.010 \end{bmatrix}$$

例 4 设有 N 件产品,其中有 M 件是次品,现从中随机抽取 $n(n \leqslant N)$ 件,抽到的次品数 X 就是一个随机变量,由古典概率的计算公式知 X 的概率分布是

$$p_k = P\{X=k\} = C_{N-M}^{n-k} C_M^k / C_N^n \quad k=0,1,2,\cdots,\min(n,M)$$

具有这种形式的分布称为**超几何分布**.

2.1.3 连续型随机变量

定义 2.2 设随机变量 X,如果存在可积函数 $f(x)(-\infty < x < +\infty)$,使得对任意实数 $a < b$,有

$$P\{a \leqslant X \leqslant b\} = \int_a^b f(x)\mathrm{d}x$$

则称 $f(x)$ 为连续型随机变量 X 的**概率密度函数**,简称**概率密度**或**密度**.

由概率与积分的性质可知,概率密度函数满足如下性质:

性质 1 $f(x) \geqslant 0$

性质 2 $\int_{-\infty}^{+\infty} f(x)\mathrm{d}x = 1$

注意到概率密度函数 $f(x)$ 是一个普通的实值函数,通过它便可以刻画出随机变量 X 的取值规律.概率密度 $y=f(x)$ 通常称为**分布曲线**,性质 1 表示分布曲线位于 X 轴上方,性质 2 表示分布曲线与 X 轴之间的平面图形的面积等于 1.另外,由微积分的知识可知,对任意实数 a,有 $P(X=a)=0$,这是因为

$$P\{X=a\} = \lim_{\Delta x \to 0^+} P\{a \leqslant X \leqslant a + \Delta x\}$$
$$= \lim_{\Delta x \to 0^+} \int_a^{a+\Delta x} f(x)\mathrm{d}x = 0$$

即连续型随机变量在任意一点处的概率都是 0,所以,计算连续型随机变量落在某一区间上的概率时,不必考虑该区间是开区间还是闭区间,所有这些概率都是相等的.即

$$P\{a < X < b\} = P\{a < X \leqslant b\} = P\{a \leqslant X < b\} = P\{a \leqslant X \leqslant b\}$$
$$= \int_a^b f(x)\mathrm{d}x$$

例 5 设随机变量 X 的概率密度函数是

$$f(x) = \begin{cases} \dfrac{A}{\sqrt{1-x^2}}, & |x| < 1 \\ 0, & \text{其他} \end{cases}$$

试求(1)系数 A;(2)X 落在区间 $\left(-\dfrac{1}{2}, \dfrac{1}{2}\right)$,$\left(-\dfrac{\sqrt{3}}{2}, 2\right)$ 内的概率.

解 (1)根据概率密度函数的性质 2

$$\int_{-\infty}^{+\infty} f(x)\mathrm{d}x = \int_{-1}^{1} \dfrac{A}{\sqrt{1-x^2}}\mathrm{d}x$$
$$= A \arcsin x \big|_{-1}^{1} = A\pi = 1$$

所以 $A = \dfrac{1}{\pi}$.

(2) $P\left\{-\dfrac{1}{2} < X < \dfrac{1}{2}\right\} = \displaystyle\int_{-\frac{1}{2}}^{\frac{1}{2}} \dfrac{1}{\pi\sqrt{1-x^2}} dx$

$\qquad\qquad\qquad\qquad = \dfrac{1}{\pi}\arcsin x \Big|_{-\frac{1}{2}}^{\frac{1}{2}} = \dfrac{1}{3}$

$P\left\{-\dfrac{\sqrt{3}}{2} < X < 2\right\} = \displaystyle\int_{-\frac{\sqrt{3}}{2}}^{2} \dfrac{1}{\pi\sqrt{1-x^2}} dx$

$\qquad\qquad\qquad\qquad = \displaystyle\int_{-\frac{\sqrt{3}}{2}}^{1} \dfrac{1}{\pi\sqrt{1-x^2}} dx$

$\qquad\qquad\qquad\qquad = \dfrac{1}{\pi}\arcsin x \Big|_{-\frac{\sqrt{3}}{2}}^{1} = \dfrac{5}{6}$

例 6 若某电子元件的寿命为 X，设随机变量 X 的概率密度函数是

$$f(x) = \begin{cases} \dfrac{1}{2\,000} e^{-\frac{x}{2\,000}}, & x > 0 \\ 0, & x \leqslant 0 \end{cases}$$

求 $P\{X \leqslant 1\,200\}$.

解 $P\{X \leqslant 1\,200\} = \displaystyle\int_0^{1\,200} \dfrac{1}{2\,000} e^{-\frac{x}{2\,000}} dx$

$\qquad\qquad\qquad = -e^{-\frac{x}{2\,000}}\Big|_0^{1\,200} = 1 - e^{-0.6} \approx 0.451$

一般称本例中的随机变量 X 服从参数为 $1/2\,000$ 的指数分布，这在后面还要介绍. 电子元件的使用寿命、电话的通话时间等都可以用指数分布来描述.

分布列和概率密度都是用来刻画随机变量的分布情况的，只不过是针对不同类型的随机变量. 为了使随机变量的描述方法统一，下面引入分布函数的概念.

2.1.4 分布函数

定义 2.3 设 X 是一个随机变量，称函数

$$F(x) = P\{X \leqslant x\}$$

为随机变量 X 的**分布函数**. 分布函数也记作 $F_X(x)$.

对于离散型随机变量 X，若它的概率分布是

$$\begin{bmatrix} x_1 & x_2 & \cdots & x_k & \cdots \\ p_1 & p_2 & \cdots & p_k & \cdots \end{bmatrix}$$

则它的分布函数为

$$F(x) = P\{X \leqslant x\} = \sum_{x_i \leqslant x} p_i$$

对于连续型随机变量 X,其概率密度为 $f(x)$,则它的分布函数为

$$F(x) = P\{X \leqslant x\} = \int_{-\infty}^{x} f(t) dt$$

它是一个变上限的无穷积分,由微积分的知识可知,在 $f(x)$ 的连续点 x 处,有

$$\frac{dF(x)}{dx} = f(x)$$

也就是说如果密度函数连续,那么密度函数是分布函数的导数.

从上可知,分布函数与概率分布或概率密度只要知道其一,另一个就可以求得.

分布函数 $F(x)$ 具有如下性质:

性质 1 $0 \leqslant F(x) \leqslant 1$

性质 2 $F(x)$ 是单调不减函数,且

$$F(+\infty) = \lim_{x \to +\infty} F(x) = 1$$

$$F(-\infty) = \lim_{x \to -\infty} F(x) = 0$$

性质 3 对于离散型随机变量有

$$\sum_{a < x_i \leqslant b} p_i = F(b) - F(a)$$

对于连续型随机变量有

$$\int_a^b f(x) dx = F(b) - F(a)$$

性质 4 $F(x)$ 是右连续的,即 $F(x) = F(x+0)$

例 7 设随机变量 X 的概率分布是

$$\begin{bmatrix} -1 & 0 & 1 \\ 0.3 & 0.5 & 0.2 \end{bmatrix}$$

求 X 的分布函数.

解 当 $x < -1$ 时,因为事件 $\{X \leqslant x\} = \varnothing$,所以

$$F(x) = 0$$

当 $-1 \leqslant x < 0$ 时,有

$$F(x) = P\{X \leqslant x\} = P\{X = -1\} = 0.3$$

当 $0 \leqslant x < 1$ 时,有

$$F(x) = P\{X \leqslant x\} = P\{X = -1\} + P\{X = 0\}$$
$$= 0.3 + 0.5 = 0.8$$

当 $x \geqslant 1$ 时,有

$$F(x) = P\{X \leqslant x\} = P\{X = -1\} + P\{X = 0\} + P\{X = 1\}$$
$$= 0.3 + 0.5 + 0.2 = 1$$

故

$$F(x)=P\{X\leqslant x\}=\begin{cases}0, & x<-1\\ 0.5, & -1\leqslant x<0\\ 0.8, & 0\leqslant x<1\\ 1, & x\geqslant 1\end{cases}$$

例8 设随机变量 X 的概率密度是

$$f(x)=\begin{cases}\dfrac{1}{b-a}, & a\leqslant x\leqslant b(a<b)\\ 0, & \text{其他}\end{cases}$$

求 X 的分布函数 $F(x)$.

解 由分布函数定义 $F(x)=P\{X\leqslant x\}=\int_{-\infty}^{x}f(t)\mathrm{d}t$,可得当 $X<a$ 时,$f(x)=0$,有

$$F(x)=0$$

当 $a\leqslant x<b$ 时,$f(x)=\dfrac{1}{b-a}$,有

$$F(x)=\int_{-\infty}^{x}f(t)\mathrm{d}t=\int_{a}^{x}\dfrac{1}{b-a}\mathrm{d}t=\dfrac{x-a}{b-a}$$

当 $x\geqslant b$ 时,有 $f(x)=0$,有

$$F(x)=\int_{-\infty}^{x}f(t)\mathrm{d}t$$
$$=\int_{-\infty}^{a}0\mathrm{d}t+\int_{a}^{b}\dfrac{1}{b-a}\mathrm{d}t+\int_{b}^{x}0\mathrm{d}t=1$$

所以

$$F(x)=P\{X\leqslant x\}=\begin{cases}0, & x<a\\ \dfrac{x-a}{b-a}, & a\leqslant x<b\\ 1, & x\geqslant b\end{cases}$$

例9 随机变量 X 的分布函数是

$$F(x)=A+B\arctan x$$

求(1)常数 A,B;(2)$P\{-1<X<1\}$;(3)X 的概率密度.

解 (1)因为 $F(x)$ 是分布函数,所以 $F(x)$ 满足

$$\lim_{x\to-\infty}F(x)=0,\ \lim_{x\to+\infty}F(x)=1$$

即

$$\lim_{x\to-\infty}(A+B\arctan x)=A-\dfrac{\pi}{2}B=0$$

$$\lim_{x\to+\infty}(A+B\arctan x)=A+\dfrac{\pi}{2}B=1$$

解出得

$$A = \frac{1}{2}, B = \frac{1}{\pi}$$

所以
$$F(x) = \frac{1}{2} + \frac{1}{\pi}\arctan x$$

(2) $P\{-1 < X < 1\} = F(1) - F(-1)$
$$= \left(\frac{1}{2} + \frac{1}{\pi}\arctan 1\right) - \left(\frac{1}{2} - \frac{1}{\pi}\arctan 1\right)$$
$$= \frac{1}{2}$$

(3) 因为 $F(x)$ 是连续函数,所以对任一 $x \in (-\infty, +\infty)$,有 X 的概率密度是
$$f(x) = F'(x) = \left(\frac{1}{2} + \frac{1}{\pi}\arctan x\right)' = \frac{1}{\pi(1+x^2)}$$

在以后的学习中,我们会遇到这样的问题,对某一正数 $\alpha(0 < \alpha < 1)$,考虑分布函数在哪一点满足
$$F(x) = \alpha$$

为此我们给出分位数的概念,满足上面方程的解称为 $F(x)$ 的 **α 分位数**.而满足
$$1 - F(x) = \alpha$$

的解称为 $F(x)$ 的上 **α 分位数**.

2.1.5 随机变量函数的分布

在许多问题中,需要计算随机变量函数的分布,下面仅通过一些具体的例子来讨论处理这类问题的基本方法.

设 $f(x)$ 是一个函数,所谓随机变量 X 的函数 $f(X)$ 是指这样的随机变量 Y:当 X 取值 x 时, Y 取值 $y = f(x)$,记作 $Y = f(X)$.

对于离散型随机变量 X,如果 X 的概率分布是

$$\begin{bmatrix} x_1 & x_2 & \cdots & x_k & \cdots \\ p_1 & p_2 & \cdots & p_k & \cdots \end{bmatrix}$$

则 $Y = f(X)$ 的概率分布是

$$\begin{bmatrix} f(x_1) & f(x_2) & \cdots & f(x_k) & \cdots \\ p_1 & p_2 & \cdots & p_k & \cdots \end{bmatrix}$$

如果 $f(x_k)$ 的值全不相等,则上表就是随机变量 Y 的概率分布;如果 $f(x_k)$ 的值中有相等的,则应把那些相等的值合并起来,同时把对应的概率相加,即得随机变量 Y 的概率分布.

例 10 已知随机变量 X 的概率分布是

$$\begin{bmatrix} -1 & 0 & 1 & 2 \\ 0.2 & 0.3 & 0.4 & k \end{bmatrix}$$

(1)求参数 k;(2)求 $Y=X^2$ 和 $Y=2X-1$ 的概率分布.

解 (1)根据概率分布的性质可知:
$$0.2+0.3+0.4+k=1$$
故 $k=0.1$.

(2)因为 X 的取值分别为 $-1,0,1,2$,故 $Y=X^2$ 的取值分别为 $0,1,4$,并且
$$P\{Y=0\}=P\{X=0\}=0.3$$
$$P\{Y=1\}=P\{X=-1\}+P\{X=1\}=0.6$$
$$P\{Y=4\}=P\{X=2\}=0.1$$

因此 $Y=X^2$ 的概率分布为
$$\begin{bmatrix} 0 & 1 & 4 \\ 0.3 & 0.6 & 0.1 \end{bmatrix}$$

同理可求 $Y=2X-1$ 的概率分布:

$Y=2X-1$ 的取值分别为 $-3,-1,1,3$,并且
$$P\{Y=-3\}=P\{X=-1\}=0.2,$$
$$P\{Y=-1\}=P\{X=0\}=0.3$$
$$P\{Y=1\}=P\{X=1\}=0.4,$$
$$P\{Y=3\}=P\{X=2\}=0.1$$

因此 $Y=2X-1$ 的概率分布为
$$\begin{bmatrix} -3 & -1 & 1 & 3 \\ 0.2 & 0.3 & 0.4 & 0.1 \end{bmatrix}$$

对于连续型随机变量我们举一个例子.

例 11 若随机变量 X 的概率密度为 $\varphi(x)=\dfrac{1}{\sqrt{2\pi}}e^{-\frac{x^2}{2}}$,求 X 的线性函数 $Y=\sigma X+\mu$ 的概率密度(其中 μ,σ 均为常数,且 $\sigma>0$).

解 随机变量 Y 的分布函数为
$$F_Y(y)=P\{Y\leqslant y\}=P\{\sigma X+\mu\leqslant y\}$$
$$=P\left\{X<\frac{y-\mu}{\sigma}\right\}=\int_{-\infty}^{\frac{y-\mu}{\sigma}}\frac{1}{\sqrt{2\pi}}e^{-\frac{x^2}{2}}dx$$

两边对 y 求导,就得到 Y 的概率密度函数
$$f(y)=\frac{1}{\sigma\sqrt{2\pi}}e^{-\frac{(y-\mu)^2}{2\sigma^2}} \tag{2.1.1}$$

服从式(2.1.1)概率密度的随机变量称为正态随机变量,一般记为 $N(\mu,\sigma^2)$.在 2.3 节将介绍有关内容.

下面我们不加证明地指出结论:

设随机变量 X 和随机变量 $Y=f(X)$ 的分布密度分别记为 $\varphi_X(x),\varphi_Y(y)$,若函数 $f(x)$ 是

严格单调函数，$x=g(y)$ 是 $y=f(x)$ 的反函数，则
$$\varphi_Y(y)=\varphi_X[g(y)]g'(y)$$
利用例 11 来作这个关系式的一次验证：因 $Y=\sigma X+\mu$，所以
$$X=g(Y)=\frac{y-\mu}{\sigma}$$
又已知
$$\varphi_X(x)=\frac{1}{\sqrt{2\pi}}e^{-\frac{x^2}{2}}, 故$$
$$\varphi_Y(y)=\varphi_X[g(y)]g'(y)=\frac{1}{\sigma\sqrt{2\pi}}e^{-\frac{(y-\mu)^2}{2\sigma^2}}$$
与例 11 的结论是一致的.

练习 2.1

1. 某射手连续向一目标射击，直到命中为止．已知他每发命中的概率是 p，求所需射击次数 X 的概率分布.

2. 设随机变量 X 的概率分布为
$$\begin{bmatrix} 0 & 1 & 2 & 3 & 4 & 5 & 6 \\ 0.1 & 0.15 & 0.2 & 0.3 & 0.12 & 0.1 & 0.03 \end{bmatrix}$$
试求 $P\{X\leqslant 4\}, P\{2\leqslant X\leqslant 5\}, P\{X\neq 3\}$.

3. 设随机变量 X 具有概率密度
$$f(x)=\begin{cases} c, & a<x<b \\ 0, & 其他 \end{cases}$$
试确定常数 c，并求 $P\left\{X>\dfrac{a+b}{2}\right\}$.

4. 设随机变量 X 具有概率密度
$$f(x)=\begin{cases} 2x, & 0\leqslant x\leqslant 1 \\ 0, & 其他 \end{cases}$$
求 $P\left\{X\leqslant\dfrac{1}{2}\right\}, P\left\{\dfrac{1}{4}<X<2\right\}$.

5. 设随机变量 X 的概率分布为
$$\begin{bmatrix} 0 & 1 \\ 0.3 & 0.7 \end{bmatrix}$$
求 X 的分布函数 $F(x)$.

6. 求第 4 题中的随机变量 X 的分布函数 $F(x)$.

7. 设随机变量 X 的概率分布为

$$\begin{bmatrix} 1 & 2 & 5 \\ 0.2 & 0.5 & 0.3 \end{bmatrix}$$

求 $Y=2X+3$ 的概率分布.

2.2 随机变量的数字特征

对于一个随机变量 X,如果知道了它的分布函数,就可对它的取值以及取值相应的概率等统计特性有全面的了解和掌握.但在实际问题中,求随机变量的分布函数有时是比较困难的,或者有时并不需要求出它的分布函数,只需知道随机变量的某些数字特征即可.虽然这些数字特征不能完整地描述随机变量,但可以描述随机变量在某些方面的重要特征.比较常用的数字特征有两个:一是随机变量的"代表性"值——数学期望,另一是描述随机变量取值"分散"程度的量——方差.

2.2.1 数学期望

1. 离散型随机变量的数学期望

设随机变量 X 取值为 $x_1,\cdots,x_k,\cdots$,相应的概率为 $p_1,\cdots,p_k,\cdots$,即

$$P\{X=x_k\}=p_k, k=1,2\cdots$$

很明显,x_k 出现的概率 p_k 越大,X 取这个值的可能性也就越大,那么它在 X 的代表性值中占的分量也应该大,就是说,X 依概率 $p_1,\cdots,p_k,\cdots$ 来反映 $x_1,\cdots,x_k,\cdots$ 这组数据.所以以 $p_1,\cdots,p_k,\cdots$ 为权,对 $x_1,\cdots,x_k,\cdots$ 进行平均,得到 $\sum_k x_k p_k$ 就是 X 的代表性值.

定义 2.4 设离散型随机变量 X 的概率分布为

$$P\{X=x_k\}=p_k, \quad k=1,2\cdots$$

若级数 $\sum_k x_k p_k$ 绝对收敛,则称和数 $\sum_k x_k p_k$ 为随机变量 X 的**数学期望**,简称**期望**或**均值**,记作 $E(X)$.

对于离散型随机变量 X 的函数 $Y=g(X)$ 的数学期望有如下公式:

如果 $g(X)$ 的数学期望存在,则

$$E[g(X)]=\sum_k g(x_k)p_k \tag{2.2.1}$$

其中 $p_k=P\{X=x_k\}(k=1,2,\cdots)$.

例 1 设 X 的概率分布为

$$\begin{bmatrix} -1 & 0 & 2 & 3 \\ \dfrac{1}{8} & \dfrac{1}{4} & \dfrac{3}{8} & \dfrac{1}{4} \end{bmatrix}$$

求：$E(X); E(X^2); E(-2X+1)$.

解 $E(X) = (-1) \times \dfrac{1}{8} + 0 \times \dfrac{1}{4} + 2 \times \dfrac{3}{8} + 3 \times \dfrac{1}{4} = \dfrac{11}{8}$

$E(X^2) = (-1)^2 \times \dfrac{1}{8} + 0^2 \times \dfrac{1}{4} + 2^2 \times \dfrac{3}{8} + 3^2 \times \dfrac{1}{4} = \dfrac{31}{8}$

$E(-2X+1) = 3 \times \dfrac{1}{8} + 1 \times \dfrac{1}{4} + (-3) \times \dfrac{3}{8} + (-5) \times \dfrac{1}{4}$

$= -\dfrac{7}{4}$

2. 连续型随机变量的数学期望

定义 2.5 设连续型随机变量 X 的概率密度是 $f(x)$，若积分 $\int_{-\infty}^{+\infty} |x| f(x) \mathrm{d}x$ 收敛，则称积分 $\int_{-\infty}^{+\infty} x f(x) \mathrm{d}x$ 为随机变量 X 的**数学期望**，记作 $E(X)$.

同样，对于连续型随机变量 X 的函数 $Y = g(X)$ 的数学期望有如下公式：

如果 $g(X)$ 的数学期望存在，则

$$E[g(X)] = \int_{-\infty}^{+\infty} g(x) f(x) \mathrm{d}x \tag{2.2.2}$$

其中 $f(x)$ 是 X 的概率密度函数.

例 2 设随机变量 X 的密度函数为

$$f(x) = \begin{cases} \dfrac{1}{a}, & 0 < x < a \\ 0, & \text{其他} \end{cases}$$

求 X 和 $Y = 5X^2$ 的数学期望 ($k > 0$，常数).

解 $E(X) = \int_{-\infty}^{+\infty} x f(x) \mathrm{d}x = \int_0^a x \cdot \dfrac{1}{a} \cdot \mathrm{d}x = \dfrac{1}{2}a$

$E(Y) = \int_{-\infty}^{+\infty} 5x^2 f(x) \mathrm{d}x = \int_0^a 5x^2 \cdot \dfrac{1}{a} \cdot \mathrm{d}x = \dfrac{5}{3}a^2$

2.2.2 方差

数学期望是随机变量的"代表性"值，但仅用它来描述随机变量的重要特征还是不够的，例如，已知一批零件的平均长度服从某一分布，它的期望 $E(X) = 10 \mathrm{~cm}$，仅由这一个指标还不能断定这批零件的长度是否合格，这是由于若其中一部分的长度比较长，而另一部分的长度比较短，它们的平均数也可能是 10 cm. 为了评定这批零件的长度是否合格，还应考察零件长度与平均长度的偏离程度. 若偏离程度较小，说明这批零件的长度基本稳定在 10 cm 附近，整体质量较好；反之，若偏离程度较大，说明这批零件的长度参差不齐，整体质量不好. 那么如何考察随

机变量 X 与其均值 $E(X)$ 的偏离程度呢？因为 $X-E(X)$ 有正有负，$E[X-E(X)]$ 正负相抵会掩盖其真实性．所以很容易想到应用 $E|X-E(X)|$ 来度量 X 与其均值 $E(X)$ 的偏离程度．但由于此式含有绝对值，运算上不方便，因此通常用 $E[X-E(X)]^2$ 来度量 X 与其均值 $E(X)$ 的偏离程度．

定义 2.6 设 X 是一个随机变量，若 $E[X-E(X)]^2$ 存在，则称 $E[X-E(X)]^2$ 为 X 的**方差**，记为 $D(X)$．称 $\sqrt{D(X)}$ 为 X 的**标准差**．

若离散型随机变量 X 的分布列为 $p_k = P(X=x_k)$，则 X 的方差为

$$D(X) = \sum_k [x_k - E(X)]^2 p_k$$

若连续型随机变量 X 的概率密度是 $f(x)$，则 X 的方差为

$$D(X) = \int_{-\infty}^{+\infty} [x - E(X)]^2 f(x) dx$$

注意到概率密度 $f(x)$ 有性质 $\int_{-\infty}^{+\infty} f(x) dx = 1$，于是

$$\int_{-\infty}^{+\infty} [x - E(X)]^2 f(x) dx = \int_{-\infty}^{+\infty} x^2 f(x) dx - [E(X)]^2$$

上式右端的第一项为 $E(X^2)$，从而得到计算方差的一个最常用的公式：

$$D(X) = E(X^2) - [E(X)]^2 \tag{2.2.3}$$

此公式对离散型随机变量也成立．

例 3 设随机变量 X 的分布列是

$$P\{X=1\} = p \quad P\{X=0\} = q, (p+q=1)$$

求 $D(X)$．

解 $E(X) = 1 \cdot p + 0 \cdot q = p$

$E(X^2) = 1^2 \cdot p + 0^2 \cdot q = p$

$D(X) = E(X^2) - [E(X)]^2 = p - p^2 = pq$

例 4 计算本节例 1 的方差．

解 $D(X) = E(X^2) - [E(X)]^2 = \dfrac{31}{8} - \left(\dfrac{11}{8}\right)^2 = \dfrac{127}{64}$

例 5 设 X 的密度函数为

$$f(x) = \frac{1}{\sqrt{2\pi}} e^{-\frac{x^2}{2}} \quad x \in (-\infty, +\infty)$$

求 X 的期望与方差．

解 由期望的定义有

$$E(X) = \int_{-\infty}^{+\infty} x \cdot \frac{1}{\sqrt{2\pi}} \cdot e^{-\frac{x^2}{2}} dx$$

由于被积函数为奇函数，故积分为零．即

$$E(X) = 0$$

$$E(X^2) = \int_{-\infty}^{+\infty} x^2 \cdot \frac{1}{\sqrt{2\pi}} \cdot e^{-\frac{x^2}{2}} dx$$

$$= \int_{-\infty}^{+\infty} x \, d\left(-\frac{1}{\sqrt{2\pi}} e^{-\frac{x^2}{2}}\right)$$

$$= -x \frac{1}{\sqrt{2\pi}} e^{-\frac{x^2}{2}} \Big|_{-\infty}^{+\infty} + \int_{-\infty}^{+\infty} \frac{1}{\sqrt{2\pi}} e^{-\frac{x^2}{2}} dx$$

$$= 0 + 1 = 1$$

于是

$$D(X) = E(X^2) - [E(X)]^2 = 1 - 0 = 1$$

2.2.3 期望和方差的性质

随机变量 X 的期望和方差具有下列性质：

性质 1 $E(c) = c, D(c) = 0$，其中 c 为常数

性质 2 设 k 为常数，则 $E(kX) = kE(X), D(kX) = k^2 D(X)$

性质 3 $E(aX+b) = aE(X) + b, D(aX+b) = a^2 D(Y)$

例 6 已知 X 的密度函数为

$$f(x) = \frac{1}{\sqrt{2\pi}} e^{-\frac{x^2}{2}} \quad x \in (-\infty, +\infty)$$

设 $Y = 0.3X + 2$，求 $E(Y)$ 和 $D(Y)$.

解 由例 5 知 $E(X) = 0, D(X) = 1$ 再由性质 3 知

$$E(Y) = E(0.3X + 2) = 0.3E(X) + 2 = 2$$
$$D(Y) = D(0.3X + 2) = 0.3^2 D(X) = 0.09$$

由性质 3 和 2.1 节中例 11 可知，正态分布 $N(\mu, \sigma^2)$ 中的两个参数 μ, σ^2 即为正态分布的期望和方差.

2.2.4 矩

矩也是随机变量的数字特征.

定义 2.7 设 X 是随机变量，若 X^k 的期望 $E(X^k)$ 存在，则称它为随机变量 X 的 k 阶原点矩 $(k=1,2,\cdots)$. 若 $[X-E(X)]^k$ 的期望 $E\{[X-E(X)]^k\}$ 存在，则称它为 X 的 k 阶中心矩 $(k=1,2,\cdots)$.

显然，随机变量 X 的数学期望 $E(X)$ 是 X 的一阶原点矩，方差 $D(X)$ 是 X 的二阶中心矩.

对应于离散型随机变量和连续型随机变量，k 阶原点矩和 k 阶中心矩的计算公式见表 2-1.

表 2-1 k 阶原点矩和 k 阶中心矩的计算公式

随机变量类型	k 阶原点矩 $E(X^k)$	k 阶中心矩 $E\{[X-E(X)]^k\}$
离散型随机变量 X 的概率分布列是 $p_i = P\{X=x_i\}$	$\sum_i x_i^k p_i$	$\sum_i [x_i - E(X)]^k p_i$
连续型随机变量 X 的概率分布密度是 $f(x)$	$\int_{-\infty}^{+\infty} x^k f(x) dx$	$\int_{-\infty}^{+\infty} [x - E(X)]^k f(x) dx$

练习 2.2

1. 已知随机变量 X 的概率分布为
$$P\{X=k\} = \frac{1}{10}, k = 2, 4, 6, \cdots, 18, 20$$
求 $E(X), D(X)$.

2. 设 $X \sim f(x) = \begin{cases} 2x, & 0 \leqslant x \leqslant 1 \\ 0, & 其他 \end{cases}$,求 $E(X), D(X)$.

3. 设随机变量 X 的概率密度是
$$f(x) = \begin{cases} 3x^2, & 0 \leqslant x \leqslant \theta \\ 0, & 其他 \end{cases}$$
(1) 求 θ 的值;(2) 求 $E(X), D(X)$.

4. 设随机变量 X 的概率分布为
$$\begin{bmatrix} 1 & 2 & 5 \\ 0.2 & 0.5 & 0.3 \end{bmatrix}$$
求 $E(X), E(2X+3)$.

5. 设随机变量 X 的概率密度为
$$f(x) = \begin{cases} \dfrac{1}{b-a}, & a \leqslant x \leqslant b \\ 0, & 其他 \end{cases}$$
$Y = \dfrac{\pi X^2}{4}$,求 $E(X), E(Y)$.

6. 已知随机变量 X 的期望和方差分别为 $E(X), D(X)$.设 $Y = \dfrac{X - E(X)}{\sqrt{D(X)}}$,求 $E(Y), D(Y)$.

2.3 几种重要的分布及数字特征

2.3.1 几种重要的离散型随机变量的分布

1. 二点分布

设随机变量 X 只可能取 $0,1$ 两个值,它的概率分布是
$$P\{X=1\}=p, P\{X=0\}=1-p(0<p<1)$$
则称 X 服从**二点分布**,或称 X 具有二点分布.

如果一个试验,其结果只有两个,则可以用二点分布来描述.例如射击试验,如果只考虑射中与否,则可以用二点分布表为:
$$X = \begin{cases} 1, & \text{子弹中靶} \\ 0, & \text{子弹脱靶} \end{cases}$$
于是有 $P\{X=1\}=p, P\{X=0\}=1-p$.

二点分布是经常遇到的一种分布,很多试验可以归结为二点分布,如产品的"合格"与"不合格",新生儿的性别登记"男"与"女",掷硬币的"正面"与"反面"等.

2. 二项分布

设随机变量 X 的概率分布为
$$p_k = P\{X=k\} = C_n^k p^k (1-p)^{n-k} \quad k=0,1,2,\cdots,n$$
其中 $0<p<1$,则称随机变量 X 服从参数为 n,p 的**二项分布**,记为 $X \sim B(n,p)$.

二项分布的实际背景是:对只有两个试验结果的试验 E:
$$P(A)=p, P(\overline{A})=1-p$$
独立重复地进行 n 次,事件 A 发生的次数 X 服从二项分布 $B(n,p)$.

例 1 某射手一次射击命中靶心的概率为 0.9,现该射手向靶心射击 5 次,求(1)命中靶心的概率,(2)命中靶心不少于 4 次的概率.

解 该射手命中靶心的次数 $X \sim B(5,0.9)$

(1)设 $A=$"命中靶心",则 $\overline{A}=$"没有命中靶心"
$$P(A) = 1-P(\overline{A}) = 1-P\{X=0\}$$
$$= 1 - C_5^0 0.9^0 \times 0.1^5 = 0.99999$$

(2)设 $B=$"命中靶心不少于 4 次"
$$P(B) = P\{X=4\} + P\{X=5\}$$
$$= C_5^4 0.9^4 \times 0.1 + C_5^5 0.9^5 \times 0.1^0$$
$$= 0.32805 + 0.59049 = 0.91854$$

例 2 已知某地区人群患有某种病的概率是 0.20,研制某种新药对该病有防治作用,现有

15个人服用该药,结果都没有得该病,从这个结果我们对该种新药的效果有什么结论?

解 15个人服用该药,可看作是独立地进行15次试验,若药无效,则每人得病的概率是0.20,这时15人中得病的人数应服从参数为(15,0.20)的二项分布,所以"15人都不得病"的概率是

$$P\{X=0\}=C_{15}^{0}(0.20)^{0}(1-0.20)^{15}=0.035$$

这说明,若药无效,则15人都不得病的可能性只有0.035,这个概率很小,在实际上不大可能发生,所以实际上可以认为该药有效.

3. 泊松(Poisson)分布

设随机变量X取值为$0,1,2,\cdots$,其相应的概率分布为

$$P\{X=k\}=\frac{\lambda^{k}}{k!}e^{-\lambda},k=0,1,2,\cdots$$

其中λ为参数($\lambda>0$),则称X服从泊松分布,记作$X\sim P(\lambda)$.

实际中,很多随机变量都服从泊松分布,例如:在确定的时间段内,通过某十字路口的车辆数;容器内的细菌数;布的疵点数;一段时间内交换台电话被呼叫的次数;公共汽车站来到的乘客数;等等,都是服从泊松分布的.

例3 电话交换台每分钟接到的呼叫次数X为随机变量,设$X\sim P(4)$,求(1)一分钟内呼叫次数恰为8次的概率(2)一分钟内呼叫次数不超过1次的概率.

解 在这里$\lambda=4$,故

$$P\{X=k\}=\frac{4^{k}}{k!}e^{-4},k=1,2,\cdots$$

(1) $P\{X=8\}=\frac{4^{8}}{8!}e^{-4}=0.0298$

(2) $P\{X\leqslant 1\}=P\{X=0\}+P\{X=1\}=\frac{4^{0}}{0!}e^{-4}+\frac{4}{1!}e^{-4}=0.092$

当n很大,p很小时,二项分布可以用泊松分布近似,有

$$C_{n}^{k}p^{k}(1-p)^{n-k}\approx\frac{\lambda^{k}}{k!}e^{-\lambda}$$

其中$\lambda=np$.也就是说泊松分布可看作是一个概率很小的事件,在大量试验中出现的次数的概率分布.实际计算中,当$n>10$,$p<0.1$时,就可以用上述近似公式.

例4 某单位为职工上保险,已知某种险种的死亡率是0.0025,该单位有职工800人,试求在未来的一年里该单位死亡人数恰有2人的概率.

解 用X表示死亡人数,则"死亡人数不超过2人"表为"$X=2$",$X\sim B(800,0.0025)$.若用二项分布计算,则

$$P\{X=2\}=C_{800}^{2}(0.0025)^{2}(0.9975)^{798}$$

由于试验次数较多,计算较繁,故用泊松分布计算$n=800,p=0.0025,\lambda=np=2,k=2$,

于是
$$P\{X=2\}=\frac{2^2}{2!}e^{-2}\approx 0.135$$

2.3.2 几种重要的连续型随机变量的分布

1. 均匀分布

如果随机变量 X 的概率密度是

$$f(x)=\begin{cases}\dfrac{1}{b-a}, & a\leqslant x\leqslant b\\ 0, & \text{其他}\end{cases}$$

则称 X 服从 $[a,b]$ 上的**均匀分布**,记作 $X\sim U(a,b)$.

如果 X 在 $[a,b]$ 上服从均匀分布,则对任意满足 $a\leqslant c<d\leqslant b$ 的 c,d,有

$$P\{c\leqslant X\leqslant d\}=\int_c^d f(x)dx=\frac{d-c}{b-a}$$

这表明,X 取值于 $[a,b]$ 中任一小区间的概率与该小区间的长度成正比,而与该小区间的具体位置无关,这就是均匀分布的概率意义.图 2-1 是均匀分布 $U(a,b)$ 的概率密度函数图形.

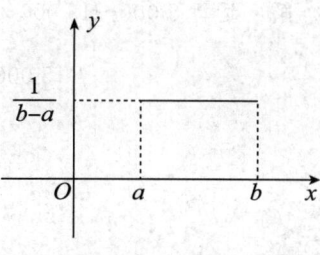

图 2-1 均匀分布

实际中,乘客在公共汽车站候车的时间 X 服从均匀分布;数值计算中,由于四舍五入,小数点后第一位小数所引起的误差 X,一般可看作是一个服从 $[-0.5,0.5]$ 的均匀分布;在区间 (a,b) 上随机地掷质点,用 X 表示质点的坐标,一般也可以把 X 看作是在 (a,b) 上服从均匀分布的随机变量.

例 5 一位乘客到某公共汽车站等候汽车,如果他完全不知道汽车通过该站的时间,则他的候车时间 X 是一个随机变量.假设该汽车站每隔 6 分钟有一辆汽车通过,则乘客在 0 到 6 分钟内乘上汽车的可能性是相同的.因此随机变量 X 的概率分布是均匀分布

$$f(x)=\begin{cases}\dfrac{1}{6}, & 0\leqslant x\leqslant 6\\ 0, & \text{其他}\end{cases}$$

可以计算他等候时间不超过 3 分钟的概率是

$$P\{0\leqslant X\leqslant 3\}=\int_0^3 \frac{1}{6}dx=0.5$$

超过 4 分钟的概率是 $P\{4\leqslant X\leqslant 6\}=\int_4^6 \dfrac{1}{6}dx\approx 0.333$

2. 指数分布

如果随机变量 X 的概率密度函数是

$$f(x) = \begin{cases} \lambda e^{-\lambda x}, & x \geqslant 0 \\ 0, & x < 0 \end{cases}$$

其中 λ 为参数($\lambda > 0$)，则称 X 服从**指数分布**，记作 $X \sim E(\lambda)$.

本章 2.1 节的例 6 中电子元件的寿命就是服从参数为 $\dfrac{1}{2\,000}$ 的指数分布.

例 6 若电子计算机在毁坏前运行的总时间 X（单位：小时）服从指数分布，概率密度函数是

$$f(x) = \begin{cases} \dfrac{1}{10\,000} e^{-\frac{x}{10\,000}}, & x > 0 \\ 0, & x \leqslant 0 \end{cases}$$

求这个计算机在毁坏前能运行 5 000～15 000 小时的概率以及它的运行时间少于 10 000 小时的概率.

解 运行 5 000～15 000 小时的概率

$$\begin{aligned} P\{5\,000 \leqslant X \leqslant 15\,000\} &= \int_{5\,000}^{15\,000} \frac{1}{10\,000} e^{-\frac{x}{10\,000}} dx \\ &= -e^{-\frac{x}{10\,000}} \Big|_{5\,000}^{15\,000} \\ &= e^{-0.5} - e^{-1.5} \\ &\approx 0.384 \end{aligned}$$

运行时间少于 10 000 小时的概率

$$\begin{aligned} P\{X < 10\,000\} &= \int_0^{10\,000} \frac{1}{10\,000} e^{-\frac{x}{10\,000}} dx \\ &= -e^{-\frac{x}{10\,000}} \Big|_0^{10\,000} \\ &= 1 - e^{-1} \\ &\approx 0.633 \end{aligned}$$

3. 正态分布

如果随机变量 X 的概率密度函数是

$$f(x) = \frac{1}{\sigma\sqrt{2\pi}} e^{-\frac{(x-\mu)^2}{2\sigma^2}} \quad (-\infty < x < +\infty) \tag{2.3.1}$$

则称 X 服从**正态分布**，记作 $X \sim N(\mu, \sigma^2)$，其中 $\mu, \sigma (\sigma > 0)$ 是两个参数.

利用微积分的知识可知道正态分布概率密度函数的性态：

1) $f(x)$ 以 $x = \mu$ 为对称轴，并在 $x = \mu$ 处达到最大，最大值为 $\dfrac{1}{\sqrt{2\pi}\sigma}$.

2) 当 $x \to \pm\infty$ 时，$f(x) \to 0$，即 $f(x)$ 以 X 轴为渐近线.

3) 用求导的方法可以证明：$x = \mu \pm \sigma$ 为 $f(x)$ 的两个拐点的横坐标，且 σ 为拐点到对称轴的距离.

4) 若固定 σ 而改变 μ 的值,则正态分布曲线沿着 X 轴平行移动,而不改变其形状,可见曲线的位置完全由参数 μ 确定;若固定 μ 改变 σ 的值,则当 σ 越小时图形变得越陡峭;反之,当 σ 越大时图形变得越平缓,因此 σ 的值刻画了随机变量取值的分散程度. σ 越小,取值分散程度越小, σ 越大,取值分散程度越大,见图 2-2.

正态分布是一个比较重要的分布,在数理统计中占有重要的地位. 一方面,因为自然现象和社会现象中,大量的随机变量如:测量误差,灯泡寿命,农作物的收获量,人的身高、体重,射击时弹着点与靶心的距离等都可以认为服从正态分布;另一方面,只要某个随机变量是大量相互独立的随机因素的和,而且每个因素的个别影响都很微小,那么这个随机变量也可以认为服从或近似服从正态分布.

若正态分布 $N(\mu,\sigma^2)$ 中的两个参数 $\mu=0,\sigma=1$ 时,相应的分布 $N(0,1)$ 称为**标准正态分布**. 标准正态分布的图形关于 y 轴对称,见图 2-3.

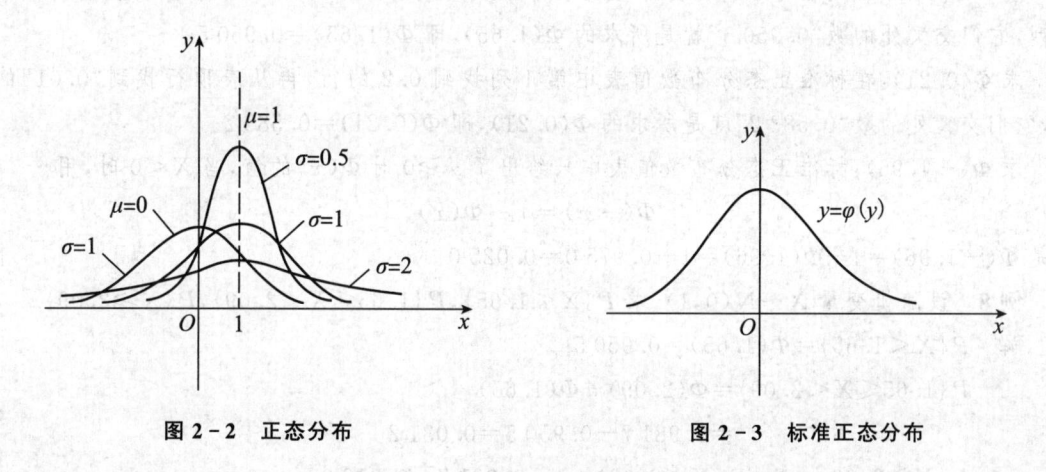

图 2-2 正态分布

图 2-3 标准正态分布

通常用 $\varphi(x)$ 表示标准正态分布 $N(0,1)$ 的概率密度,用 $\Phi(x)$ 表示 $N(0,1)$ 的分布函数,即

$$\varphi(x)=\frac{1}{\sqrt{2\pi}}e^{-\frac{x^2}{2}}$$

$$\Phi(x)=P\{X\leqslant x\}=\int_{-\infty}^{x}\varphi(t)dt=\int_{-\infty}^{x}\frac{1}{\sqrt{2\pi}}e^{-\frac{t^2}{2}}dt$$

这说明若随机变量 $X\sim N(0,1)$,则事件 $\{X\leqslant x\}$ 的概率是标准正态概率密度曲线下小于 x 的区域面积,如图 2-4 所示的阴影部分的面积. 不难得到事件 $\{a\leqslant X\leqslant b\}$ 的概率为

$$P\{a\leqslant X\leqslant b\}=\int_{a}^{b}\frac{1}{\sqrt{2\pi}}e^{-\frac{t^2}{2}}dt=\Phi(b)-\Phi(a)$$

由于 $\varphi(x)$ 是偶函数,故有(图 2-5)

$$\Phi(-x)=1-\Phi(x),\text{ 或 }\Phi(x)=1-\Phi(-x)$$

$$\Phi(0)=0.5$$

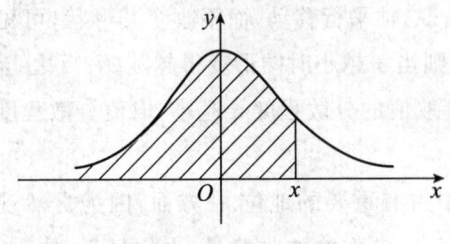

图 2-4　$\Phi(x)$ 的含义 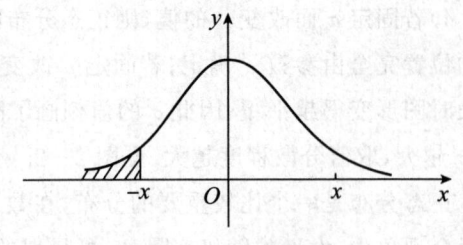　　　　　　　图 2-5　$\Phi(-x)$ 的含义

显然,若随机变量 $X \sim N(0,1)$,则求事件 $\{X \leqslant x\}$ 或 $\{a \leqslant X \leqslant b\}$ 的概率就化为求 $\Phi(x)$ 的值,而 $\Phi(x)$ 的计算是很困难的,为此编制了它的近似值表(附录 1:标准正态分布数值表),供我们使用.

例 7　查表求 $\Phi(1.65), \Phi(0.21), \Phi(-1.96)$.

解　求 $\Phi(1.65)$:在标准正态分布数值表中第 1 列找到 1.6 的行,再从表顶行找到"0.05"的列,它们交叉处的数"0.950 5"就是所求的 $\Phi(1.65)$,即 $\Phi(1.65)=0.950\ 5$.

求 $\Phi(0.21)$:在标准正态分布数值表中第 1 列找到 0.2 的行,再从表顶行找到"0.01"的列,它们交叉处的数"0.583 2"就是所求的 $\Phi(0.21)$,即 $\Phi(0.21)=0.583\ 2$.

求 $\Phi(-1.96)$:标准正态分布数值表中只给出了 $x \geqslant 0$ 时 $\Phi(x)$ 的值,当 $X<0$ 时,用
$$\Phi(-x)=1-\Phi(x)$$
于是 $\Phi(-1.96)=1-\Phi(1.96)=1-0.975\ 0=0.025\ 0$

例 8　设随机变量 $X \sim N(0,1)$,求 $P\{X<1.65\}, P\{1.65 \leqslant X<2.09\}, P\{X \geqslant 2.09\}$.

解　$P\{X<1.65\}=\Phi(1.65)=0.950\ 5$
$$P\{1.65 \leqslant X<2.09\}=\Phi(2.09)-\Phi(1.65)$$
$$=0.981\ 7-0.950\ 5=0.031\ 2$$
$$P\{X \geqslant 2.09\}=1-P(X<2.09)=1-0.981\ 7=0.018\ 3$$

现在讨论非标准正态分布 $N(\mu,\sigma^2)$ 的概率计算问题.

设 $X \sim N(\mu,\sigma^2)$,对任意的 $x_1<x_2$,由概率密度的定义,有
$$P\{x_1 \leqslant X < x_2\} = \int_{x_1}^{x_2} \frac{1}{\sigma\sqrt{2\pi}} e^{-\frac{(x-\mu)^2}{2\sigma^2}} dx$$

作积分换元,设 $y=\dfrac{x-\mu}{\sigma}$,则

$$\int_{x_1}^{x_2} \frac{1}{\sigma\sqrt{2\pi}} e^{-\frac{(x-\mu)^2}{2\sigma^2}} dx = \int_{\frac{x_1-\mu}{\sigma}}^{\frac{x_2-\mu}{\sigma}} \frac{1}{\sqrt{2\pi}} e^{-\frac{y^2}{2}} dy$$
$$= \Phi\left(\frac{x_2-\mu}{\sigma}\right) - \Phi\left(\frac{x_1-\mu}{\sigma}\right)$$

即
$$P\{x_1 \leqslant X \leqslant x_2\} = \Phi\left(\frac{x_2-\mu}{\sigma}\right) - \Phi\left(\frac{x_1-\mu}{\sigma}\right)$$

于是正态分布的概率计算化成了查标准正态分布数值表的计算问题.

从上述的推导过程,我们得到如下定理:

定理 2.1 若随机变量 $X \sim N(\mu, \sigma^2)$,则随机变量 $Y = \dfrac{X-\mu}{\sigma} \sim N(0,1)$. 此定理中的线性代换 $Y = \dfrac{X-\mu}{\sigma}$ 称为随机变量 X 的标准正态化.

例9 设 $X \sim N(1, 0.2^2)$,求 $P\{X < 1.2\}$ 及 $P\{0.7 \leqslant X < 1.1\}$.

解 设 $Y = \dfrac{X-\mu}{\sigma} = \dfrac{X-1}{0.2}$,则 $Y \sim N(0,1)$,于是

$$P\{X < 1.2\} = P\left\{Y < \dfrac{1.2-1}{0.2}\right\} = P\{Y < 1\}$$
$$= \Phi(1) = 0.8413$$

$$P\{0.7 \leqslant X < 1.1\} = P\left\{\dfrac{0.7-1}{0.2} \leqslant \dfrac{X-1}{0.2} < \dfrac{1.1-1}{0.2}\right\}$$
$$= P\{-1.5 \leqslant Y < 0.5\} = \Phi(0.5) - \Phi(-1.5)$$
$$= \Phi(0.5) + \Phi(1.5) - 1$$
$$= 0.6915 + 0.9332 - 1$$
$$= 0.6247$$

例10 设 $X \sim N(3, 2^2)$,试求:

(1) $P\{|X| > 2\}$;

(2) $P\{X > 3\}$;

(3) 若 $P\{X > c\} = P\{X \leqslant c\}$,问 c 为何值?

解 (1) $P\{|X| > 2\} = 1 - P\{|X| \leqslant 2\} = 1 - P\{-2 \leqslant X \leqslant 2\}$
$$= 1 - \left[\Phi\left(\dfrac{2-3}{2}\right) - \Phi\left(\dfrac{-2-3}{2}\right)\right]$$
$$= 1 - [\Phi(-0.5) - \Phi(-2.5)]$$
$$= \Phi(0.5) + 1 - \Phi(2.5)$$
$$= 0.6915 + 1 - 0.9938 = 0.6977$$

(2) $P\{X > 3\} = 1 - P\{X \leqslant 3\} = 1 - \Phi\left(\dfrac{3-3}{2}\right)$
$$= 1 - \Phi(0) = 1 - 0.5 = 0.5$$

(3) 要使 $P\{X > c\} = P\{X \leqslant c\}$,即
$$1 - P\{X \leqslant c\} = P\{X \leqslant c\}$$

于是 $$P\{X \leqslant c\} = \dfrac{1}{2}$$

即 c 应满足 $$\Phi\left(\dfrac{c-3}{2}\right) = \dfrac{1}{2}$$

反查标准正态分布数值表,得 $\dfrac{c-3}{2} = 0$,故 $c = 3$.

例 11 已知某车间工人完成某道工序的时间 X 服从正态分布 $N(10,3^2)$,问

(1)从该车间工人中任选一人,其完成该道工序的时间不到 7 分钟的概率;

(2)为了保证生产连续进行,要求以 95% 的概率保证该道工序上工人完成工作时间不多于 15 分钟,这一要求能否得到保证?

解 根据已知条件,$X \sim N(10,3^2)$,故 $Y = \dfrac{X-10}{3} \sim N(0,1)$

(1) $P\{X \leqslant 7\} = P\left\{\dfrac{X-10}{3} < \dfrac{7-10}{3}\right\}$

$\qquad = P\{Y < -1\} = \Phi(-1)$

$\qquad = 1 - \Phi(1) = 1 - 0.8413 = 0.1587$

即从该车间工人中任选一人,其完成该道工序的时间不到 7 分钟的概率是 0.1587.

(2) $P\{X \leqslant 15\} = P\left\{Y < \dfrac{15-10}{3}\right\}$

$\qquad = \Phi(1.67) = 0.9525 > 0.95$

即该道工序可以 95% 的概率保证工人完成工作的时间不多于 15 分钟,因此可以保证生产连续进行.

下面简单介绍一下实际中经常用到的正态分布的 **3σ 原则**.

由标准正态分布的查表计算,可求得当随机变量 $X \sim N(0,1)$ 时:

$P\{|X| < 1\} = P\{-1 < X < 1\}$

$\qquad = \Phi(1) - \Phi(-1) = 2\Phi(1) - 1 = 0.6826$

$P\{|X| < 2\} = P\{-2 < X < 2\}$

$\qquad = \Phi(2) - \Phi(-2) = 2\Phi(2) - 1 = 0.9544$

$P\{|X| < 3\} = P\{-3 < X < 3\}$

$\qquad = \Phi(3) - \Phi(-3) = 2\Phi(3) - 1 = 0.9974$

可见,X 的取值几乎全落在 $(-3,3)$ 范围内(约占 99.74%)超出部分几乎没有. 将这些结论推广到一般正态分布,即若随机变量 $X \sim N(\mu,\sigma^2)$ 时,则有

$P\{|X - \mu| < \sigma\} = 0.6826$

$P\{|X - \mu| < 2\sigma\} = 0.9544$

$P\{|X - \mu| < 3\sigma\} = 0.9974$

显然 $|X - \mu| \geqslant 2\sigma$ 和 $|X - \mu| \geqslant 3\sigma$ 的概率是很小的.因此当我们确认一个数据是来自正态分布 $N(\mu,\sigma^2)$ 时,总认为这个数据必须满足不等式

$|X - \mu| < 2\sigma$ 和 $|X - \mu| < 3\sigma$

否则就不予承认,这就是通常所说的 **2σ** 或 **3σ 原则**.人们在长期的实践中总结出来得到"概率很小的事件在一次试验中实际上是不可能发生的"(此结论称为**实际推断原理**或**小概率原理**). 如果在一次试验中得到的数据,出现 $|X - \mu| \geqslant 3\sigma$ 这种情况,则人们是很难接受的.例如,抽查

袋装食盐每包的质量,已知测量值遵从 $N(1\,000,20^2)$,今发现测量中有一个数据是 $1\,100$,是否可以怀疑机械出了故障?显然,根据 3σ 准则可知全部数据应在 $(\mu-3\sigma,\mu+3\sigma)$ 之间,即 $(1\,000-60,1\,000+60)=(940,1\,060)$ 之间,而 $1\,100>1\,060$,故有理由怀疑机械出了故障.

2.3.3 重要分布的数字特征

1. 二点分布 X 的分布列是
$$P\{X=1\}=p \quad P\{X=0\}=q \quad (p+q=1)$$
$$E(X)=p \quad D(X)=pq$$

2. 二项分布 $X\sim B(n,p)$,其分布列为
$$p_k=P\{X=k\}=C_n^k p^k q^{n-k} \quad (p+q=1;k=0,1,2,\cdots,n)$$
$$E(X)=np \quad D(X)=npq$$

3. 泊松分布 $X\sim P(\lambda)$,其分布列为
$$P\{X=k\}=\frac{\lambda^k}{k!}\mathrm{e}^{-\lambda} \quad k=1,2,\cdots$$
$$E(X)=\lambda \quad D(X)=\lambda$$

4. 均匀分布 $X\sim U(a,b)$,其密度函数为
$$f(x)=\begin{cases}\dfrac{1}{b-a},a\leqslant x\leqslant b\\ 0,\quad \text{其他}\end{cases}$$
$$E(X)=\frac{a+b}{2} \quad D(X)=\frac{(b-a)^2}{12}.$$

5. 指数分布 $X\sim E(\lambda)$,其密度函数为
$$f(x)=\begin{cases}\lambda\mathrm{e}^{-\lambda x},x\geqslant 0\\ 0,\quad x<0\end{cases}$$
$$E(X)=\frac{1}{\lambda} \quad D(X)=\frac{1}{\lambda^2}.$$

6. 正态分布 $X\sim N(\mu,\sigma^2)$,其密度函数为
$$f(x)=\frac{1}{\sigma\sqrt{2\pi}}\mathrm{e}^{\frac{(x-\mu)^2}{2\sigma^2}} \quad (-\infty<x<+\infty)$$
$$E(X)=\mu \quad D(X)=\sigma^2$$

练习 2.3

1. 将一枚质地均匀的硬币投掷 4 次,求出 4 次投掷中"出现正面"次数 X 的概率分布.
2. 已知 100 产品中有 5 个次品,现从中任取 1 个,有放回地取 3 次,求在所取的 3 个中恰

有 2 个次品的概率.

3. 某篮球运动员一次投篮投中篮框的概率为 0.8,该运动员投篮 4 次,(1)求投中篮框不少于 3 次的概率;(2)求至少投中篮框 1 次的概率.

4. 设 $X \sim P(\lambda)$,求 $E(X), D(X)$.

5. 设 $X \sim U(a,b)$,求 (1) $D(X)$;(2) $P\left\{X < a + \dfrac{1}{3}(b-a)\right\}$.

6. 设 $X \sim E(\lambda)$,求 $E(X), D(X)$

7. 设 $X \sim N(0,1)$,求 (1) $P\{X < 1.5\}$;(2) $P\{X > 2\}$;
(3) $P\{-1 < X < 3\}$;(4) $P\{|X| \leqslant 2\}$.

8. 设 $X \sim N(1, 0.6^2)$,计算 (1) $P\{0.2 < X \leqslant 1.8\}$;(2) $P\{X > 0\}$.

9. 设 $X \sim N(20, 0.2^2)$,(1) 求 $P\{|X-20| \leqslant 0.3\}$;(2) 已知 $P\{|X-20| < c\} = 0.95$,求常数 c.

10. 求标准正态分布的上分位数:(1) $\alpha = 0.01$;(2) $\alpha = 0.03$.

2.4 二维随机变量

2.4.1 二维随机变量及其分布函数

前面讲述的都是一维随机变量的分布,实际中,经常需要同时用几个随机变量才能描绘某一随机现象.例如打靶时,弹着点就需要用横坐标 X 和纵坐标 Y 两个随机变量来描述;炼钢时,钢的硬度、含碳量、含硫量等指标都要考察,这就涉及三个随机变量.类似的例子很多,这些随机变量之间一般又有某种联系,因而要把这些随机变量作为一个整体(即向量)来研究.

定义 2.8 n 个随机变量 $X_1, X_2, \cdots, X_n$ 的整体 $\xi = (X_1, X_2, \cdots, X_n)$ 称为 **n 维随机变量**(或称 **n 维随机向量**).

由于二维与 n 维没有什么本质上的区别,为简单起见,下面着重研究二维随机变量.二维随机变量一般用 (X, Y) 来表示.例如描述打靶的弹着点就是一个二维随机变量,可用 (X, Y) 表示.

定义 2.9 设 (X, Y) 是二维随机变量,对于任意的实数 x, y,令

$$F(x, y) = P\{X \leqslant x, Y \leqslant y\} \tag{2.4.1}$$

则称 $F(x, y)$ 为随机变量 X 和 Y 的**联合分布函数**,或称为二维随机变量 (X, Y) 的**分布函数**.

如果将二维随机变量 (X, Y) 的取值看成是平面上随机点,那么,分布函数 $F(x, y)$ 在 (x, y) 处的函数值就是随机点 (X, Y) 落在如图 2-6 所示的,以点 (x, y) 为右上顶点的无穷

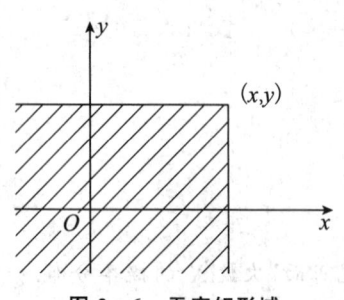

图 2-6 无穷矩形域

矩形域内的概率.

依上述解释,容易算出随机点(X,Y)落在矩形域$\{x_1<X\leqslant x_2;y_1<Y\leqslant y_2\}$的概率为
$$P\{x_1<X\leqslant x_2;y_1<Y\leqslant y_2\}$$
$$=F(x_2,y_2)-F(x_2,y_1)-F(x_1,y_2)+F(x_1,y_1) \qquad (2.4.2)$$

定义 2.10 如果二维随机变量(X,Y)中的X和Y都取有限个或可数个值,且$P\{X=x_i,Y=y_j\}=p_{ij}(i=1,2\cdots,j=1,2\cdots)$,则称$(X,Y)$为**二维离散型随机变量**.

定义 2.11 对于二维随机变量(X,Y),如果存在非负函数$\varphi(x,y)$,使得对任意的实数$x,y(x,y)$的分布函数$F(x,y)$能表示为
$$F(x,y)=\int_{-\infty}^{y}\int_{-\infty}^{x}\varphi(u,v)\mathrm{d}u\,\mathrm{d}v$$
则称(X,Y)为**二维连续型的随机变量**.$\varphi(x,y)$称为随机变量X和Y的**联合分布密度函数**,或称为二维随机变量(X,Y)的**分布密度**.

2.4.2 二维随机变量的独立性

定义 2.12 设X,Y是两个随机变量,如果对于任意的实数x,y,事件$\{X<x\},\{Y<y\}$是相互独立的,即满足
$$P\{X<x,Y<y\}=P\{X<x\}\cdot P\{Y<y\} \qquad (2.4.3)$$
则称X,Y是**相互独立的**.

显然若$F(x,y)$为二维随机变量(X,Y)的联合分布函数,则相互独立的条件可写成
$$F(x,y)=F_X(x)\cdot F_Y(y) \qquad (2.4.4)$$
其中$F_X(x),F_Y(y)$分别为X,Y的分布函数.还可写成
$$\varphi(x,y)=f_X(x)\cdot f_Y(y) \qquad (2.4.5)$$
其中$\varphi(x,y)$为随机变量X和Y的联合分布密度,$f_X(x)$和$f_Y(y)$分别是X和Y的分布密度,$f_X(x)$和$f_Y(y)$又称为二维随机变量(X,Y)的**边缘分布密度**,简称**边缘密度**.

随机变量独立的概念可以推广到多个随机变量.

定义 2.13 若n维随机变量$(X_1,X_2,\cdots,X_n)$的联合分布密度函数$\varphi(x_1,x_2,\cdots,x_n)$可表示成
$$\varphi(x_1,x_2,\cdots,x_n)=f_1(x_1)f_2(x_2)\cdots f_n(x_n)$$
其中$f_i(x_i)$是X_i的边缘分布密度$(i=1,2,\cdots,n)$,则称随机变量$X_1,X_2,\cdots,X_n$**相互独立**.

n个随机变量$X_1,X_2,\cdots,X_n$相互独立的实际意义是指它们之间互不影响.例如,从一大批产品中随机抽取n个样品检查质量,由于产品的数目很大,因此抽取出来的样品相互之间可以看作是没有影响的,所以它们是相互独立的.

2.4.3 两个随机变量的函数的期望公式

以连续型随机变量为例,两个随机变量X,Y的函数$Z=f(X,Y)$的期望公式为

$$E(Z) = E[f(X,Y)] = \int_{-\infty}^{+\infty}\int_{-\infty}^{+\infty} f(x,y)\varphi(x,y)\mathrm{d}x\,\mathrm{d}y \tag{2.4.6}$$

其中 $\varphi(x,y)$ 是二维随机变量 (X,Y) 的联合密度函数.

例 1 设二维随机变量 (X,Y) 的联合密度函数为

$$\varphi(x,y) = \begin{cases} \dfrac{1}{\pi}, & x^2+y^2 \leqslant 1 \\ 0, & \text{其他} \end{cases}$$

求 $E(XY)$.

解 由公式(2.4.6)得

$$E(Z) = E(XY) = \int_{-\infty}^{+\infty}\int_{-\infty}^{+\infty} xy\varphi(x,y)\mathrm{d}x\,\mathrm{d}y$$

$$= \iint_{x^2+y^2\leqslant 1} xy\,\frac{1}{\pi}\mathrm{d}x\,\mathrm{d}y$$

上式被积函数对变量 x 是奇函数,积分区域关于 y 轴对称,故积分为 0,即 $E(Z)=0$.

如果二维连续型随机变量 (X,Y) 的联合密度函数为 $\varphi(x,y)$,那么随机变量 X,Y 的期望和方差由公式(2.4.6)可写成

$$E(X) = \int_{-\infty}^{+\infty}\int_{-\infty}^{+\infty} x\varphi(x,y)\mathrm{d}x\,\mathrm{d}y$$

$$E(Y) = \int_{-\infty}^{+\infty}\int_{-\infty}^{+\infty} y\varphi(x,y)\mathrm{d}x\,\mathrm{d}y$$

$$D(X) = \int_{-\infty}^{+\infty}\int_{-\infty}^{+\infty} [x-E(X)]^2 \varphi(x,y)\mathrm{d}x\,\mathrm{d}y$$

$$D(Y) = \int_{-\infty}^{+\infty}\int_{-\infty}^{+\infty} [y-E(Y)]^2 \varphi(x,y)\mathrm{d}x\,\mathrm{d}y$$

由公式(2.4.6)还可得出期望和方差的以下性质

1. $E(X+Y) = E(X) + E(Y)$ (2.4.7)
2. 若 X,Y 相互独立,则 $E(XY) = E(X) \cdot E(Y)$ (2.4.8)
3. 若 X,Y 相互独立,则 $D(X+Y) = D(X) + D(Y)$ (2.4.9)

证明 由公式(2.4.6)得

$$E(X+Y) = \int_{-\infty}^{+\infty}\int_{-\infty}^{+\infty} (x+y)\varphi(x,y)\mathrm{d}x\,\mathrm{d}y$$

$$= \int_{-\infty}^{+\infty}\int_{-\infty}^{+\infty} x\varphi(x,y)\mathrm{d}x\,\mathrm{d}y + \int_{-\infty}^{+\infty}\int_{-\infty}^{+\infty} y\varphi(x,y)\mathrm{d}x\,\mathrm{d}y$$

$$= E(X) + E(Y)$$

X,Y 相互独立,有 $\varphi(x,y) = f_X(x) \cdot f_Y(y)$,$f_X(x)$ 和 $f_Y(y)$ 分别是 X 和 Y 的边缘分布密度.

$$E(XY) = \int_{-\infty}^{+\infty}\int_{-\infty}^{+\infty} xy\varphi(x,y)\mathrm{d}x\,\mathrm{d}y$$

$$= \int_{-\infty}^{+\infty} \int_{-\infty}^{+\infty} xy f_X(x) f_Y(y) \mathrm{d}x\, \mathrm{d}y$$

$$= \int_{-\infty}^{+\infty} x f_X(x) \mathrm{d}x \cdot \int_{-\infty}^{+\infty} y f_Y(y) \mathrm{d}y = E(X) \cdot E(Y)$$

$$\begin{aligned} D(X+Y) &= E[(X+Y) - E(X+Y)]^2 \\ &= E[X+Y-E(X)-E(Y)]^2 \\ &= E\{[X-E(X)] + [Y-E(Y)]\}^2 \\ &= E\{[X-E(X)]^2 + [Y-E(Y)]^2 \\ &\quad + 2[X-E(X)] \cdot [Y-E(Y)]\} \\ &= E[X-E(X)]^2 + E[Y-E(Y)]^2 \\ &\quad + 2E\{[X-E(X)] \cdot [Y-E(Y)]\} \\ &= D(X) + D(Y) + 2E\{[X-E(X)] \cdot [Y-E(Y)]\} \end{aligned}$$

由 X,Y 相互独立及公式(2.4.8)得

$$\begin{aligned} & E\{[X-E(X)] \cdot [Y-E(Y)]\} \\ &= E[XY - XE(Y) - YE(X) + E(X) \cdot E(Y)] \\ &= E(XY) - E(X) \cdot E(Y) - E(Y) \cdot E(X) + E(X) \cdot E(Y) \\ &= E(XY) - E(X) \cdot E(Y) = 0 \end{aligned}$$

即

$$D(X+Y) = D(X) + D(Y)$$

上述性质中的前两个虽是利用公式(2.4.6)证明,但对于离散型随机变量依然成立.另外上述三条性质对于有限个随机变量依然成立.而性质2,3中随机变量相互独立的条件只是充分条件.

2.4.4 协方差与相关系数

定义 2.14 两个随机变量 X,Y 的函数 $[X-E(X)] \cdot [Y-E(Y)]$ 的期望

$$E\{[X-E(X)] \cdot [Y-E(Y)]\}$$

称为 X,Y 的**协方差**,记为 $\mathrm{cov}(X,Y)$.

例 2 求本节例 1 中二维随机变量的协方差.

解 在前面的推导中得出

$$E\{[X-E(X)] \cdot [Y-E(Y)]\} = E(XY) - E(X) \cdot E(Y)$$

其中

$$E(X) = \int_{-\infty}^{+\infty} \int_{-\infty}^{+\infty} x \varphi(x,y) \mathrm{d}x\, \mathrm{d}y = \iint\limits_{x^2+y^2 \leqslant 1} x \frac{1}{\pi} \mathrm{d}x\, \mathrm{d}y$$

上式被积函数对变量 x 是奇函数,积分区域关于 y 轴对称,故积分为0,即 $E(X)=0$.同理 $E(Y)=0$.由例1的结果知 $E(XY)=0$.故 $\mathrm{cov}(X,Y)=0$.

这个结果不是偶然的，由前面的推导可知，若 X,Y 相互独立，则 $\text{cov}(X,Y)=0$，但反之不一定成立.

协方差在一定程度上反映了随机变量 X,Y 之间的某种关系，但它要受 X,Y 本身数值大小的影响. 为了消除这种影响，需要引入相关系数的概念.

定义 2.15 若两个随机变量 X,Y 的方差都不为 0，则

$$\frac{\text{cov}(X,Y)}{\sqrt{D(X)}\sqrt{D(Y)}}$$

称为 X,Y 的**相关系数**，记为 $\rho_{X,Y}$. 简记为 ρ.

相关系数满足

$$|\rho|\leqslant 1$$

这是因为对任意实数 λ，有

$$\begin{aligned}
D(Y-\lambda X) &= E[Y-\lambda X-E(Y-\lambda X)]^2 \\
&= E\{[Y-E(Y)]-\lambda[X-E(X)]\}^2 \\
&= E[Y-E(Y)]^2 + \lambda^2 E[X-E(X)]^2 \\
&\quad - 2\lambda E\{[X-E(X)]\cdot[Y-E(Y)]\} \\
&= D(Y) + \lambda^2 D(X) - 2\lambda \text{cov}(X,Y)
\end{aligned}$$

$$D(Y-\lambda X) = D(Y) + \lambda^2 D(X) - 2\lambda \text{cov}(X,Y) \tag{2.4.10}$$

令 $\lambda = \dfrac{\text{cov}(X,Y)}{D(X)}$ 代入式(2.4.10)得

$$D(Y-\lambda X) = D(Y)(1-\rho^2)$$

因方差非负，故 $\rho^2 \leqslant 1$，即 $|\rho| \leqslant 1$.

由以上推导可以看出 $|\rho|=1$ 的充分必要条件是 $D(Y-\lambda X)=0$.

相关系数刻画了 X,Y 之间线性关系的近似程度，$|\rho|$ 越接近 1，X 与 Y 越近似地有线性关系.

练习 2.4

1. 设 (X,Y) 的联合密度函数是

$$f(x,y) = \begin{cases} k, & 0\leqslant x\leqslant 1,\ 0\leqslant y\leqslant x \\ 0, & \text{其他} \end{cases}$$

求(1)常数 k；(2)$E(XY)$.

2. 设 $X \sim B(n,p)$，求 $E(X), D(X)$.

3. 设 $X_1, X_2, \cdots, X_n$ 是独立同分布的随机变量，$E(X_1)=\mu$，$D(X_1)=\sigma^2$，设 $\overline{X}=\dfrac{1}{n}\sum_{i=1}^{n} X_i$，求 $E(\overline{X}), D(\overline{X})$.

4. 设 $f(x,y)$ 是二维随机变量 (X,Y) 的联合密度函数，求随机变量 X 的密度函数 $f_X(x)$.

5. 已知 $D(X)=25, D(Y)=36, \rho_{X,Y}=0.4$，求 $D(X+Y)$.

6. 设 (X,Y) 的联合密度函数是

$$f(x,y)=\begin{cases} \dfrac{1}{8}(x+y), & 0\leqslant x\leqslant 2,\ 0\leqslant y\leqslant 2 \\ 0, & \text{其他} \end{cases}$$

求 $E(X), D(X), \text{cov}(X,Y), \rho_{X,Y}, D(X+Y)$.

*2.5 中心极限定理

前面我们已经介绍过期望和方差是描述随机变量特征的值，期望是随机变量的"代表性"值，方差描述随机变量取值"分散"程度.不仅如此，我们还可以根据方差估计随机变量的取值范围.在后面要研究的数理统计问题中，我们常常要面对一列随机变量 $X_1, X_2, \cdots, X_n, \cdots$，这些随机变量是相互独立的，它们服从相同的分布，这些随机变量的和服从什么样的分布，这些都是本节要讨论的问题.

2.5.1 切比雪夫(Chebyshev)不等式

定理 2.2　设随机变量 X 的期望和方差分别为 $E(X)$ 和 $D(X)$，则对任意正数 $\varepsilon>0$ 有

$$P\{|X-E(X)|\geqslant \varepsilon\}\leqslant \frac{D(X)}{\varepsilon^2} \tag{2.5.1}$$

证明　（只对连续型随机变量给出证明）设 X 的密度函数为 $f(x)$，有

$$\begin{aligned} D(X) &= \int_{-\infty}^{+\infty}[x-E(X)]^2 f(x)\mathrm{d}x \\ &\geqslant \int_{-\infty}^{E(X)-\varepsilon}[x-E(X)]^2 f(x)\mathrm{d}x + \int_{E(X)+\varepsilon}^{+\infty}[x-E(X)]^2 f(x)\mathrm{d}x \\ &\geqslant \varepsilon^2 \int_{-\infty}^{E(X)-\varepsilon} f(x)\mathrm{d}x + \varepsilon^2 \int_{E(X)+\varepsilon}^{+\infty} f(x)\mathrm{d}x \\ &\geqslant \varepsilon^2 P\{X\leqslant E(X)-\varepsilon\} + \varepsilon^2 P\{X\geqslant E(X)+\varepsilon\} \\ &= \varepsilon^2 P\{|X-E(X)|\geqslant \varepsilon\} \end{aligned}$$

即

$$P\{|X-E(X)|\geqslant \varepsilon\}\leqslant \frac{D(X)}{\varepsilon^2}$$

式(2.5.1)称为切比雪夫不等式.它告诉我们，方差越小，X 的取值越集中在期望值附近.在公式(2.5.1)中，令 $\varepsilon=3\sqrt{D(X)}$，便得到

$$P\{|X-E(X)|\geqslant 3\sqrt{D(X)}\}\leqslant \frac{1}{9}$$

这就是我们常说的原则,在本章 2.3 节中介绍正态分布时我们见到过类似的公式.

例 1 已知一批钢筋的平均长度为 10 m,标准差为 0.1 m,试估计钢筋长度与平均长度的偏差小于 0.5 m 的最小概率.

解 设随机变量表示这批钢筋的长度(单位:m),则 $E(X)=10$,$\sqrt{D(X)}=0.1$.由切比雪夫不等式得

$$P\{|X-10|\geqslant 0.5\}\leqslant \frac{0.1^2}{0.5^2}=0.04$$

"$|x-10|\geqslant 0.5$" 与 "$|X-10|<0.5$" 是对立事件,

故

$$P\{|X-10|<0.5\}>1-0.04=0.96$$

即钢筋长度与平均长度的偏差小于 0.5 m 的概率最小为 0.96.

2.5.2 大数定律

在 2.5.1 节中我们给出了有限个随机变量相互独立的定义,在这里我们给出可数个随机变量相互独立的定义.

定义 2.16 设 $X_1,X_2,\cdots,X_n,\cdots$ 是可数个随机变量,若对于任意自然数 $n>1,X_1,X_2,\cdots,X_n,\cdots$ 相互独立,则称 $X_1,X_2,\cdots,X_n,\cdots$ **相互独立**.

若随机变量列 $X_1,X_2,\cdots,X_n,\cdots$ 相互独立,且有相同的分布函数 $F(x)$,则称 $X_1,X_2,\cdots,X_n,\cdots$ 是独立同分布的随机变量列.

定理 2.3 (大数定律)设 $X_1,X_2,\cdots,X_n,\cdots$ 是独立同分布的随机变量列,且 $E(X_1),D(X_1)$ 存在,$\overline{X}=\frac{1}{n}\sum_{i=1}^{n}X_i$,则对任意正数 $\varepsilon>0$,有

$$\lim_{n\to\infty}P\{|\overline{X}-E(X_1)|\geqslant \varepsilon\}=0 \tag{2.5.2}$$

证明 由切比雪夫不等式有

$$P\{|\overline{X}-E(\overline{X})|\geqslant \varepsilon\}\leqslant \frac{D(\overline{X})}{\varepsilon^2}$$

由 2.4.3 节给出的性质可知

$$E(\overline{X})=E\left[\frac{1}{n}(X_1+X_2+\cdots+X_n)\right]$$
$$=\frac{1}{n}[E(X_1)+E(X_2)+\cdots+E(X_n)]$$
$$=\frac{1}{n}[E(X_1)+E(X_1)+\cdots+E(X_1)]$$
$$=E(X_1)$$

$$D(\overline{X}) = D\left[\frac{1}{n}(X_1 + X_2 + \cdots + X_n)\right]$$
$$= \frac{1}{n^2}[D(X_1) + D(X_2) + \cdots + D(X_n)]$$
$$= \frac{1}{n^2}[D(X_1) + D(X_1) + \cdots + D(X_1)]$$
$$= \frac{1}{n}D(X_1)$$

由此得
$$P\{|\overline{X} - E(X_1)| \geqslant \varepsilon\} \leqslant \frac{D(X_1)}{\varepsilon^2 n}$$

上式中令 $n \to \infty$,得
$$\lim_{n \to \infty} P\{|\overline{X} - E(X_1)| \geqslant \varepsilon\} = 0$$

这个定理称为弱大数定律,它表示当 n 充分大时,$\overline{X}$ 以很大的概率接近期望值.

随机事件 A 的概率为 $P(A)$,由事件 A 可以得到一个随机变量列 $X_1, X_2, \cdots, X_n, \cdots$,其中

$$X_i = \begin{cases} 1, & \text{第 } i \text{ 次试验中 A 发生} \\ 0, & \text{第 } i \text{ 次试验中 A 不发生} \end{cases} \quad (i = 1, 2, \cdots, n, \cdots)$$

显然,这是一个独立同分布的随机变量列,X_1 服从二点分布,且容易看出 $\overline{X}$ 就是 n 次试验中发生的频率,对此我们有以下结论:

定理 2.4 (伯努利大数定律)设 $\overline{X}$ 是 n 次独立重复试验中事件 A 发生的频率,则对于任意正数 $\varepsilon > 0$,有
$$\lim_{n \to \infty} P\{|\overline{X} - P(A)| < \varepsilon\} = 1$$

证明 由于 X_1 服从二点分布,且
$$E(X_1) = 1 \cdot P(A) + 0 \cdot [1 - P(A)] = P(A)$$

由弱大数定律有
$$\lim_{n \to \infty} P\{|\overline{X} - P(A)| \geqslant \varepsilon\} = 0$$

即
$$\lim_{n \to \infty} P\{|\overline{X} - P(A)| < \varepsilon\} = 1$$

伯努利大数定律表示当试验次数 n 充分大时,A 发生的频率以很大的概率接近它的概率.

2.5.3 中心极限定理

在前面介绍正态分布时,我们指出了它的重要性,这是因为大量独立同分布的随机变量的算术平均值都近似服从正态分布,这在数理统计问题的研究中十分重要.

定理 2.5 (中心极限定理)设 $X_1, X_2, \cdots, X_n, \cdots$ 是独立同分布的随机变量列,且 $E(X_1)$,$D(X_1)$ 存在,则对任意的 $a < b$,有

$$\lim_{n\to\infty} P\left\{a < \frac{\overline{X} - E(X_1)}{\sqrt{\frac{D(X_1)}{n}}} < b\right\} = \int_a^b \frac{1}{\sqrt{2\pi}} e^{-\frac{t^2}{2}} dt$$

此定理的证明略去,但据此我们得出下面的结论.

定理 2.6 设 $X \sim B(n,p)$,则对任意实数 x,有

$$\lim_{n\to\infty} P\left\{\frac{X - E(X)}{\sqrt{D(X)}} < x\right\} = \int_{-\infty}^x \frac{1}{\sqrt{2\pi}} e^{-\frac{t^2}{2}} dt$$

证明 二项分布 $X \sim B(n,p)$ 可以写成

$$X = \sum_{i=1}^n X_i$$

其中 $X_i(i=1,2,\cdots,n)$ 是相互独立同分布的随机变量,服从二点分布. $E(X_1)=p$, $D(X_1)=p(1-p)$,由中心极限定理,对任意 x 有

$$\lim_{n\to\infty} P\left\{\frac{\overline{X} - E(X)}{\sqrt{\frac{D(X_1)}{n}}} < x\right\} = \int_{-\infty}^x \frac{1}{\sqrt{2\pi}} e^{-\frac{t^2}{2}} dt$$

即

$$\lim_{n\to\infty} P\left\{\frac{\frac{1}{n}X - p}{\sqrt{\frac{p(1-p)}{n}}} < x\right\} = \int_{-\infty}^x \frac{1}{\sqrt{2\pi}} e^{-\frac{t^2}{2}} dt$$

亦即

$$\lim_{n\to\infty} P\left\{\frac{X - np}{\sqrt{np(1-p)}} < x\right\} = \int_{-\infty}^x \frac{1}{\sqrt{2\pi}} e^{-\frac{t^2}{2}} dt$$

由二项分布的数字特征可知 $E(X)=np$, $D(X)=np(1-p)$,因此得

$$\lim_{n\to\infty} P\left\{\frac{X - E(X)}{\sqrt{D(X)}} < x\right\} = \int_{-\infty}^b \frac{1}{\sqrt{2\pi}} e^{-\frac{t^2}{2}} dt$$

这个定理表明二项分布当 n 充分大时近似于正态分布,这个结论不仅有理论意义,而且可以简化计算.

例 2 已知某产品的次品率为 0.1,试求 1 000 件该产品中次品在 100 至 110 件之间的概率.

解 设 X 为 1 000 件产品中次品出现的次数,则 $X \sim B(1\,000, 0.1)$,要求

$$P\{100 < X < 110\}$$

因为 $E(X)=1\,000\times 0.1=100$, $D(X)=1\,000\times 0.1\times 0.9=90$,由定理 2.6 得

$$P\{100 < X < 110\} = P\left\{\frac{100-100}{\sqrt{90}} < \frac{X-100}{\sqrt{90}} < \frac{110-100}{\sqrt{90}}\right\}$$

$$= P\left\{0 < \frac{X-100}{\sqrt{90}} < 1.05\right\}$$

$$\approx \Phi(1.05) - \Phi(0)$$

$$= 0.853\,1 - 0.5 = 0.353\,1$$

上述计算比直接利用二项分布计算简单得多.

练习 2.5

1. 在每次试验中,事件 A 发生的概率是 $\frac{1}{2}$,利用切比雪夫不等式估计在 1 000 次独立试验中,事件 A 发生的次数在 400~600 的概率.

2. 有一罐,装有 10 个编号从 0~9 的同样的球,从罐中有放回抽取若干次,每次都记下号码.

(1)设 $X_k = \begin{cases} 1, & \text{第 } k \text{ 次取到号码 0} \\ 0, & \text{其他} \end{cases}$, $k=1,2,\cdots$ 问对序列 $\{X_k\}$,能否使用大数定律?

(2)至少应取球多少次才能使"0"出现的频率在 0.09~0.11 的概率至少是 0.95?

(3)用中心极限定理计算在 100 次抽取中,号码"0"出现次数在 7 和 13 之间的概率.

习题 2

1. 某射手连续向一目标射击 3 次,已知他每发命中的概率是 p,求该射手命中目标次数 X 的概率分布.

2. 设随机变量 X 的概率分布为

$$\begin{bmatrix} -1 & 0 & 1 \\ 0.2 & 0.3 & 0.5 \end{bmatrix}$$

试求 $P\{X \leqslant 1\}, P\{-2 < X < 1\}$ 和分布函数 $F(x)$.

3. 设随机变量 X 具有概率密度

$$f(x) = \begin{cases} 3x^2, & 0 \leqslant x \leqslant 1 \\ 0, & \text{其他} \end{cases}$$

求 $P\{X \leqslant \frac{1}{3}\}, P\{\frac{1}{2} < X < 3\}$.

4. 已知随机变量 X 的概率分布为

$$\begin{bmatrix} -1 & 0 & 1 \\ 0.2 & 0.3 & 0.5 \end{bmatrix}$$

求 $E(X), D(X)$.

5. 设 $X \sim f(x) = \begin{cases} 4x^3, & 0 \leqslant x \leqslant 1 \\ 0, & \text{其他} \end{cases}$,求 $E(X), D(X)$.

6. 将一枚骰子掷 4 次,求出 4 次投掷中"点数为 1"出现次数 X 的概率分布.

7. 设 $X \sim N(0,1)$,求(1)$P\{X<0\}$;(2)$P\{X>1\}$;(3)$P\{-2<X<1\}$;(4)$P\{|X|<3\}$.

8. 设 $X \sim N(2,3^2)$,计算(1)$P\{-4<X<5\}$;(2)$P\{-1<X\}$.

学习指导

本章学习的主要内容是随机变量,通过这一章的学习,我们接触到很多概念,如:随机变量、概率分布、密度函数、分布函数、期望和方差等等.如何使这些概念在我们的头脑中清晰起来呢?我们可以理一下它们之间的关系,那就是(箭头指出一方的概念可以确定箭头指向一方的概念):

```
概率分布 ─────────────→ 离散型随机变量
         ↘           ↗
           分布函数
         ↗           ↘
概率密度 ─────────────→ 连续型随机变量
```

期望——随机变量的代表性值
方差——随机变量的分散程度

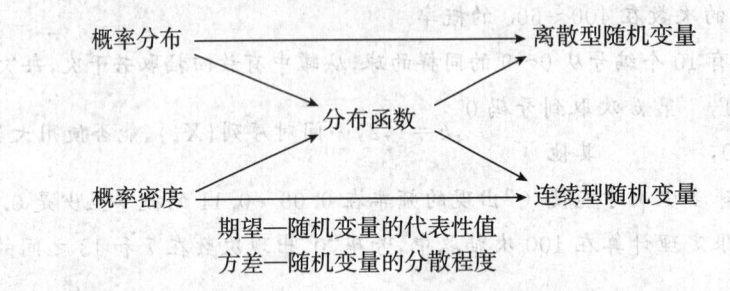

了解了以上概念以后,我们又介绍了一些重要的分布,在这些分布中,离散型随机变量以二项分布最重要,连续型随机变量以正态分布最重要.

通过二维随机变量的介绍,我们还了解到随机变量之间的关系,主要是随机变量的独立性.

本章重点是:

1)二项分布和正态分布的概率计算;

2)简单随机变量的期望和方差的计算.

一、疑难解析

(一)关于随机变量

随机变量实际上是基本事件的函数,所以它具有与随机事件共同的特征.

在一次试验中取值是否落入某一个范围是不确定的,即随机性.

在相同的条件下重复试验时,取值是否落入某一个范围的可能性大小是确定的,即统计规律性.但它可以脱离随机事件这一背景而由分布函数完全确定.离散型随机变量和连续型随机变量又分别可以由概率分布列和分布密度确定.

对于连续型随机变量 X,$P(X=a)=0$,即它取某点的值的概率为 0,但并不是说 X 不能取 a,也就是说概率为 0 的事件不一定是不可能事件.

在应用随机变量解决实际问题时,有些比较简单,如掷骰子出现的点数,在车站等车的时间,电子管使用寿命等.但有些却不同,如掷硬币出现"正面"或"反面",射击时"命中"或"不命中"等,这一类问题需要我们适当地将随机变量的取值与随机事件对应起来.

二维随机变量 (X,Y) 中的两个分量 X,Y 都是随机变量,那么它们的分布与联合分布有什么关系呢?

如果(X,Y)是离散型随机变量，$p_{ij}(i=1,2,\cdots,n,\cdots;j=1,2,\cdots,m,\cdots)$是联合概率分布，那么

$$p_i = P\{X=x_i\} = P\{X=x_i, -\infty<Y<+\infty\}$$
$$= \sum_j p_{ij} \quad (i=1,2,\cdots,n,\cdots)$$
$$p_j = P\{Y=y_j\} = P\{-\infty<X<+\infty, Y=y_j\}$$
$$= \sum_i p_{ij} \quad (i=1,2,\cdots,n,\cdots)$$

就分别是 X 和 Y 的概率分布．

如果(X,Y)是连续型随机变量，$\varphi(x,y)$是联合概率分布密度，那么

$$f_X(x) = \int_{-\infty}^{+\infty} \varphi(x,y)\mathrm{d}y$$
$$f_Y(y) = \int_{-\infty}^{+\infty} \varphi(x,y)\mathrm{d}x$$

就分别是 X 和 Y 的概率分布密度．

由此可以看出，(X,Y)的联合分布可以确定 X 和 Y 的边缘分布，反之却不然．在 X 与 Y 相互独立时，可以由 X 和 Y 的分布确定(X,Y)的联合分布．

(二) 关于期望和方差

在不知道分布的情况下，期望和方差也可反映出随机变量的主要特征．期望是随机变量的代表性值，随机变量在期望附近取值的概率较大．但只有这个值还不够，例如某班两个学生三门课的期末考试成绩如表 2-2：

表 2-2　某班两个学生三门课的期末考试成绩

学生	语文	数学	英语
甲	93	97	95
乙	94	100	91

两个学生的平均成绩都是 95 分，但学生乙的成绩波动显然要比学生甲大一些．这就是说只有代表性值还不够，还要有刻画随机变量的分散程度的值，这就是方差．方差越小，随机变量取值靠近期望的概率越大．

从定义可以看出，随机变量的期望是被概率分布完全确定的，因而有时也称它为分布的期望．另外，如果将求和号看作积分号，则离散型随机变量和连续型随机变量的数学期望的定义是一致的．

期望可直接由定义式计算，而方差一般用简便计算公式

$$D(X) = E(X^2) - [E(X)]^2$$

来计算．

(三) 关于随机变量的独立性

两个随机变量 X 与 Y 相互独立的充分必要条件是

$$F(x,y) = F_X(x)F_Y(y)$$

这里 $\varphi(x,y)$ 是二维随机变量 (X,Y) 的联合分布函数, $F_X(x)$ 与 $F_Y(y)$ 是随机变量 X 与 Y 的分布函数. 如果随机变量 X 与 Y 不是相互独立的, 我们一般得不到上面的等式. 由此看出, 当 X 与 Y 相互独立时, 由 X 与 Y 的分布函数便可以确定 (X,Y) 的联合分布函数; 而当 X 与 Y 不相互独立时, 由 X 与 Y 的分布函数不能确定 (X,Y) 的联合分布函数.

若随机变量 X 与 Y 相互独立, 则二维随机变量 (X,Y) 的协方差 $\text{cov}(X,Y)=0$, 反之当 $\text{cov}(X,Y)=0$ 时, X 与 Y 不一定相互独立. 一般用公式

$$\text{cov}(X,Y) = E(XY) - E(X)E(Y)$$

计算协方差比较方便.

二、典型例题

对于一般的离散型随机变量 X, 若 X 取值为 $a_1, a_2, \cdots, a_k, \cdots$, 相应的概率为 $p_1, p_2, \cdots, p_k, \cdots$, 我们可以用一个矩阵来刻画 X 的分布密度, 记成

$$X \sim \begin{bmatrix} a_1 & a_2 & \cdots & a_k & \cdots \\ p_1 & p_2 & \cdots & p_k & \cdots \end{bmatrix}$$

例1 在产品检验中, 每次从原检验的产品中取出一件看看是正品还是次品. 用随机变量来表示以下检验结果:

(1) 第一次取出的是次品;

(2) 前三次取出的只有一件次品;

(3) 前四次取出的产品中有次品;

(4) 前六次取出的产品中有三件次品, 且第六次是次品.

解 设随机变量

$$X_k = \begin{cases} 1, & \text{第 } k \text{ 次取到次品} \\ 0, & \text{第 } k \text{ 次取到正品} \end{cases} \quad (k=1,2,\cdots)$$

则上述事件用随机变量表示就是

(1) $\{X_1 = 1\}$;

(2) $\{X_1 + X_2 + X_3 = 1\}$;

(3) $\{X_1 + X_2 + X_3 + X_4 \geq 1\}$;

(4) $\{X_1 + X_2 + X_3 + X_4 + X_5 + X_6 = 3, X_6 = 1\}$ 或 $\{X_1 + X_2 + X_4 + X_5 = 2, X_6 = 1\}$.

在这个例子中, 我们设了一列随机变量, 本例的(2), (3), (4)事件都用到了随机变量的和, 这就需要知道随机变量的和还是随机变量.

例2 一盒装有 6 只晶体管, 其中有 2 只次品和 4 只正品, 随机地抽取 1 只测试, 直到 2 只次品晶体管都找到为止, 求所需要的测试次数 X 的值及相应的概率.

解 设应做试验次数为 X, 首先分析 X 的取值, 因为有 2 个次品, 故测试至少要做两次, 又因为前五次至少有 1 个次品, 而若前五次只有 1 个次品时可断定第 6 个就是次品, 故测试最多只要做五次. 所以 X 取 2, 3, 4, 5. 再设

$$Y_i = \begin{cases} 1, & \text{第 } i \text{ 次取到次品} \\ 0, & \text{第 } i \text{ 次取到正品} \end{cases} \quad (i=1,2,3,4,5)$$

则

$$P\{X=2\} = P\{Y_1+Y_2=2\} = P\{Y_1=1, Y_2=1\}$$
$$= P\{Y_1=1\}P\{Y_2=1|Y_1=1\}$$
$$= \frac{2}{6} \times \frac{1}{5} = \frac{1}{15}$$
$$P\{X=3\} = P\{Y_1+Y_2=1, Y_3=1\}$$
$$= P\{Y_1+Y_2=1\}P\{Y_3=1|Y_1+Y_2=1\}$$
$$= P\{\{Y_1=1,Y_2=0\}+\{Y_1=0,Y_2=1\}\}\frac{1}{4}$$
$$= [P\{Y_1=1,Y_2=0\}+P\{Y_1=0,Y_2=1\}]\frac{1}{4}$$
$$= [P\{Y_1=1\}P\{Y_2=0|Y_1=1\}$$
$$\quad + P\{Y_1=0\}P\{Y_2=1|Y_1=0\}]\frac{1}{4}$$
$$= \left(\frac{2}{6} \times \frac{4}{5} + \frac{4}{6} \times \frac{2}{5}\right)\frac{1}{4} = \frac{2}{15}$$
$$P\{X=4\} = P\{\{Y_1+Y_2+Y_3=1, Y_4=1\}$$
$$\quad + \{Y_1+Y_2+Y_3+Y_4=0\}\}$$
$$= P\{Y_1+Y_2+Y_3=1, Y_4=1\}$$
$$\quad + P\{Y_1+Y_2+Y_3+Y_4=0\}$$
$$= P\{Y_1+Y_2+Y_3\}P\{Y_4=1|Y_1+Y_2+Y_3=1\}$$
$$\quad + P\{Y_1=0, Y_2=0, Y_3=0, Y_4=0\}$$
$$= P\{\{Y_1+Y_2=1, Y_3=0\}$$
$$\quad + \{Y_1+Y_2=0, Y_3=1\}\}\frac{1}{3}$$
$$\quad + P\{Y_1=0\}P\{Y_2=0|Y_1=0\}$$
$$P\{Y_3=0|Y_1+Y_2=0\}$$
$$P\{Y_4=0|Y_1+Y_2+Y_3=0\}$$
$$= [P\{Y_1+Y_2=1\}P\{Y_3=0|Y_1+Y_2=1\}$$
$$\quad + P\{Y_1+Y_2=0\}P\{Y_3=1|Y_1+Y_2=0\}]\frac{1}{3}$$
$$\quad + \frac{4}{6} \times \frac{3}{5} \times \frac{2}{4} \times \frac{1}{3}$$

$$= \left[\frac{8}{15} \times \frac{3}{4} + \frac{2}{5} \times \frac{2}{4}\right]\frac{1}{3} + \frac{1}{15} = \frac{4}{15}$$

$$P\{X=5\} = P\{Y_1 + Y_2 + Y_3 + Y_4 = 1\}$$
$$= P\{\{Y_1 + Y_2 + Y_3 = 1, Y_4 = 0\}$$
$$+ \{Y_1 + Y_2 + Y_3 = 0, Y_4 = 1\}\}$$
$$= P\{Y_1 + Y_2 + Y_3 = 1\}$$
$$P\{Y_4 = 0 | Y_1 + Y_2 + Y_3 = 1\}$$
$$+ P\{Y_1 + Y_2 + Y_3 = 0\}$$
$$P\{Y_4 = 1 | Y_1 + Y_2 + Y_3 = 0\}$$
$$= \frac{3}{5} \times \frac{2}{3} + \left(\frac{4}{6} \times \frac{3}{5} \times \frac{2}{4}\right)\frac{2}{3} = \frac{8}{15}$$

至此求出了 X 的概率分布,即

$$X \sim \begin{bmatrix} 2 & 3 & 4 & 5 \\ \frac{1}{15} & \frac{2}{15} & \frac{4}{15} & \frac{8}{15} \end{bmatrix}$$

例 3 某运动员投篮的命中率是 0.8,他做的一种练习是投中两次就停止,求出这个运动员可能投篮的次数及其相应的概率.

解 设该运动员的投篮次数为 X,显然 X 可取 $2,3,\cdots,k,\cdots$ 等无穷多个整数值.再设

$$Y_i = \begin{cases} 1, & \text{第 } i \text{ 次投篮命中} \\ 0, & \text{第 } i \text{ 次投篮未中} \end{cases} \quad (i = 1,2,\cdots)$$

则 $\{Y_i\}$ 是一组相互独立的随机变量,并有

$$P\{X=k\} = P\{Y_1 + Y_2 + \cdots + Y_{k-1} = 1, Y_k = 1\}$$
$$= P\{Y_1 + Y_2 + \cdots + Y_{k-1} = 1\}P\{Y_k = 1\}$$
$$= C_{k-1}^1 0.8 \times 0.2^{(k-1)-1} \times 0.8$$
$$= C_{k-1}^1 0.8^2 \times 0.2^{k-2}$$
$$= (k-1)0.8^2 \times 0.2^{k-2} \quad (k=2,3,\cdots)$$

这便求出了 X 的概率分布,即

$$P\{X=k\} = (k-1)0.8^2 \times 0.2^{k-2} \quad (k=2,3,\cdots)$$

如果对例 3 和例 2 做一个比较的话,相当于 10 个晶体管中有 8 个次品,每次取出一个再放回,直到取出两次次品才停止.例 3 与例 2 的不同之处在于每次抽取是独立的,且每次抽取的次品率都是 0.8.为了熟悉概率分布的性质,请设法验证

$$\sum_{k=2}^{\infty} (k-1)0.8^2 \times 0.2^{k-2} = 1$$

例 4 设随机变量 X 的概率密度为

$$f(x) = \begin{cases} \dfrac{A}{\sqrt{1-x^2}}, & -1 < x < 1 \\ 0, & 其他 \end{cases}$$

求：(1)常数 A；(2)X 的分布函数 $F(x)$；(3)$P\left\{X < \dfrac{\sqrt{2}}{2}\right\}$.

解 (1)由密度函数的性质知
$$\int_{-\infty}^{+\infty} f(x)\mathrm{d}x = 1$$

又由已知
$$\int_{-\infty}^{+\infty} f(x)\mathrm{d}x = \int_{-1}^{1} \frac{A}{\sqrt{1-x^2}}\mathrm{d}x = \int_{0}^{1} \frac{2A}{\sqrt{1-x^2}}\mathrm{d}x$$
$$= 2A\arcsin x \big|_0^1 = \pi A$$

因而得出 $\pi A = 1$，即 $A = \dfrac{1}{\pi}$.

(2)由分布函数和密度函数的关系知
$$F(x) = \int_{-\infty}^{x} f(t)\mathrm{d}t$$

当 $x \leqslant -1$ 时
$$F(x) = \int_{-\infty}^{x} 0\mathrm{d}t = 0$$

当 $x \geqslant 1$ 时
$$F(x) = \int_{-\infty}^{x} f(t)\mathrm{d}t$$
$$= \int_{-1}^{1} \frac{\mathrm{d}t}{\pi\sqrt{1-t^2}} = 1$$

当 $-1 < x < 1$ 时
$$F(x) = \int_{-\infty}^{x} f(t)\mathrm{d}t$$
$$= \int_{-1}^{x} \frac{\mathrm{d}t}{\pi\sqrt{1-t^2}}$$
$$= \frac{1}{\pi}\arcsin t \big|_{-1}^{x} = \frac{1}{\pi}\arcsin x + \frac{1}{2}$$

所以 X 的分布函数是
$$F(x) = \begin{cases} 0, & x \leqslant -1 \\ \dfrac{1}{\pi}\arcsin x + \dfrac{1}{2}, & -1 < x < 1 \\ 1, & x \geqslant 1 \end{cases}$$

(3) 由分布函数的定义知

$$P\left\{X<\frac{\sqrt{2}}{2}\right\}=F\left(\frac{\sqrt{2}}{2}\right)$$

$$=\frac{1}{\pi}\arcsin\frac{\sqrt{2}}{2}+\frac{1}{2}=\frac{3}{4}$$

例 5 证明：若离散型随机变量 X 满足

$$D(X)=0$$

则 $P\{X=E(X)\}=1$.

证 设 X 取值为 $a_1,a_2,\cdots,a_k,\cdots$，相应的概率为 $p_1,p_2,\cdots,p_k,\cdots$，由方差的定义

$$D(X)=\sum_i [a_i-E(X)]^2 p_i$$

由已知得

$$\sum_i [a_i-E(X)]^2 p_i = 0$$

因为

$$[a_i-E(X)]^2 p_i \geqslant 0 \quad (i=1,2,\cdots)$$

所以

$$[a_i-E(X)]^2 p_i = 0 \quad (i=1,2,\cdots)$$

由概率分布的性质

$$\sum_i p_i = 1$$

故存在 i_0 使得 $p_{i_0}\neq 0$. 因有 $[a_{i_0}-E(X)]^2 p_{i_0}=0$，故 $[a_{i_0}-E(X)]^2=0$，即 $a_{i_0}=E(X)$. 由于 a_i 各不相同，对其余的 $i(i\neq i_0)$ 有

$$[a_i-E(X)]^2 > 0$$

因有 $[a_i-E(X)]^2 p_i=0$，故 $p_i=0$. 由此得

$$\sum_i p_i = p_{i_0} = 1$$

从而得出

$$P\{X=E(X)\}=1$$

在此顺便提一下，对于连续型随机变量 X，不可能出现 $D(X)=0$ 的情况. 另外，连续型随机变量还有这样的现象，即对任意实数 a，$P\{X=a\}=0$，但 $\{X=a\}$ 并非不可能事件，这就提醒我们概率为 0 的事件不一定是不可能事件. 反之概率为 1 的事件不一定是必然事件.

例 6 求泊松分布的期望和方差.

解 设随机变量 X 服从泊松分布，即

$$P\{X=k\}=\frac{\lambda^k}{k!}e^{-\lambda} \quad (\lambda>0;k=1,2,\cdots)$$

由期望的计算公式得

$$E(X) = \sum_{k=0}^{\infty} k \frac{\lambda^k}{k!} \mathrm{e}^{-\lambda} = \sum_{k=1}^{\infty} k \frac{\lambda^k}{k!} \mathrm{e}^{-\lambda}$$

$$= \lambda \mathrm{e}^{-\lambda} \sum_{k=1}^{\infty} \frac{\lambda^{k-1}}{(k-1)!}$$

$$= \lambda \mathrm{e}^{-\lambda} \sum_{k=1}^{\infty} \frac{\lambda^n}{n!}$$

$$= \lambda \mathrm{e}^{-\lambda} \cdot \mathrm{e}^{\lambda}$$

$$= \lambda$$

为了利用公式(2.2.1)求 $D(X)$, 先求 $E(X^2)$.

$$E(X^2) = \sum_{k=1}^{\infty} k^2 \frac{\lambda^k}{k!} \mathrm{e}^{-\lambda} = \sum_{k=1}^{\infty} [k(k-1)+k] \frac{\lambda^k}{k!} \mathrm{e}^{-\lambda}$$

$$= \sum_{k=2}^{\infty} \frac{\lambda^k}{(k-2)!} \mathrm{e}^{-\lambda} + \sum_{k=1}^{\infty} \frac{\lambda^k}{(k-1)!} \mathrm{e}^{-\lambda}$$

$$= \lambda^2 \mathrm{e}^{-\lambda} \sum_{k=2}^{\infty} \frac{\lambda^{k-2}}{(k-2)!} + \lambda \mathrm{e}^{-\lambda} \sum_{k=1}^{\infty} \frac{\lambda^{k-1}}{(k-1)!}$$

$$= \lambda^2 \mathrm{e}^{-\lambda} \sum_{n=0}^{\infty} \frac{\lambda^n}{n!} + \lambda \mathrm{e}^{-\lambda} \sum_{n=0}^{\infty} \frac{\lambda^n}{n!}$$

$$= \lambda^2 \mathrm{e}^{-\lambda} \cdot \mathrm{e}^{\lambda} + \lambda \mathrm{e}^{-\lambda} \cdot \mathrm{e}^{\lambda}$$

$$= \lambda^2 + \lambda$$

由公式(2.2.1)得

$$D(X) = E(X^2) - [E(X)]^2$$
$$= \lambda^2 + \lambda - \lambda^2$$
$$= \lambda$$

对于 $X \sim N(0,1)$, 已知

$$E(X) = 0, D(X) = 1$$

利用这一结果, 做例 7.

例 7 设 $X \sim N(\mu, \sigma^2)$, 求 $E(X)$ 及 $D(X)$.

解 已知正态分布的 $X \sim N(\mu, \sigma^2)$ 的密度函数为

$$f(x) = \frac{1}{\sqrt{2\pi}\sigma} \mathrm{e}^{-\frac{(x-\mu)^2}{2\sigma^2}}$$

由期望的计算公式得

$$E(X) = \int_{-\infty}^{+\infty} x f(x) \mathrm{d}x = \int_{-\infty}^{+\infty} \frac{1}{\sqrt{2\pi}\sigma} x \mathrm{e}^{-\frac{(x-\mu)^2}{2\sigma^2}} \mathrm{d}x$$

$$\xlongequal{\frac{x-\mu}{\sigma}=t} \int_{-\infty}^{+\infty} \frac{\sigma}{\sqrt{2\pi}\sigma} (\sigma t + \mu) \mathrm{e}^{-\frac{t^2}{2}} \mathrm{d}t$$

$$= \int_{-\infty}^{+\infty} \frac{\sigma}{\sqrt{2\pi}} t e^{-\frac{t^2}{2}} dt + \mu \int_{-\infty}^{+\infty} \frac{1}{\sqrt{2\pi}} e^{-\frac{t^2}{2}} dt$$

$$= 0 + \mu = \mu$$

由方差的计算公式得

$$D(X) = \int_{-\infty}^{+\infty} [x - E(X)]^2 f(x) dx$$

$$= \int_{-\infty}^{+\infty} (x-\mu)^2 \frac{1}{\sqrt{2\pi}\sigma} e^{-\frac{(x-\mu)^2}{2\sigma^2}} dt$$

$$\stackrel{\frac{x-\mu}{\sigma}=t}{=} \int_{-\infty}^{+\infty} \sigma^2 t^2 \frac{\sigma}{\sqrt{2\pi}\sigma} e^{-\frac{t^2}{2}} dt$$

$$= \sigma^2 \int_{-\infty}^{+\infty} \frac{t^2}{\sqrt{2\pi}} e^{-\frac{t^2}{2}} dt$$

$$= \sigma^2$$

从这个结果可以看出正态分布的两个参数正是它的期望和方差,而且正态分布的密度可以由它的期望和方差唯一确定.

例8 设 $Y = \frac{X - E(X)}{\sqrt{D(X)}}$,证明 $E(Y) = 0, D(Y) = 1$.

证 由已知

$$Y = \frac{1}{\sqrt{D(X)}} X - \frac{E(X)}{\sqrt{D(X)}}$$

由2.2.3节中的性质3得

$$E(Y) = \frac{1}{\sqrt{D(X)}} E(X) - \frac{E(X)}{\sqrt{D(X)}} = 0$$

$$D(Y) = \left[\frac{1}{\sqrt{D(X)}}\right]^2 D(X) = 1$$

例9 设 $X \sim N(3, 2^2)$,求(1)$P\{X < 4.5\}$;(2)$P\{X > 1\}$;(3)$P\{0 < X < 3.25\}$;(4)求常数 c,使得 $P\{|X - 3| < c\} = 0.9544$.

解 设 $Y = \frac{X - 3}{2}$,则 $Y \sim N(0, 1)$.

(1) $P\{X < 4.5\} = P\left\{\frac{X-3}{2} < \frac{4.5-3}{2}\right\}$

$\qquad = P\{Y < 0.75\}$

$\qquad = \Phi(0.75) = 0.7734$

(2) $P\{X > 1\} = P\left\{\frac{X-3}{2} > \frac{1-3}{2}\right\} = P\{Y > -1\}$

$\qquad = 1 - P\{Y \leqslant -1\} = 1 - \Phi(-1)$

$\qquad = \Phi(1) = 0.8413$

(3) $P\{0<X<3.25\} = P\left\{\dfrac{0-3}{2} < \dfrac{X-3}{2} < \dfrac{3.25-3}{2}\right\}$

$= P\{-1.5 < Y < 0.125\}$

$= \Phi(0.125) - \Phi(-1.5)$

$= \Phi(0.125) - [1-\Phi(1.5)]$

$= 0.5398 - (1-0.9332) = 0.4730$

(4) $P\{|X-3|<c\} = P\left\{\left|\dfrac{X-3}{2}\right| < \dfrac{c}{2}\right\}$

$P\left\{|Y| < \dfrac{c}{2}\right\} = \Phi\left(\dfrac{c}{2}\right) - \Phi\left(-\dfrac{c}{2}\right)$

$= 2\Phi\left(\dfrac{c}{2}\right) - 1 = 0.9544$

即 $\Phi\left(\dfrac{c}{2}\right) = 0.9772$，查正态分布数值表得 $\dfrac{c}{2} = 2$，即 $c=4$。

本例的第(4)问若回忆一下 2σ 准则，可知

$$P\{|X-\mu| < 2\sigma\} = 0.9544$$

显然 $c = 2\sigma$，本例中的 $\sigma = 2$，故 $c = 4$。

例 10 已知 $X \sim N(2,4^2)$，设 $F(x)$ 是 X 的分布函数。(1) $\alpha = 0.05$，求 $F(x)$ 的 α 分位数；(2) $\alpha = 0.025$，求 $F(x)$ 的上 α 分位数。

解 设 $Y = \dfrac{X-2}{4}$，则 $Y \sim N(0,1)$。

(1) 由分位数的定义可知 $F(x) = 0.05$ 的解即为 $F(x)$ 的 α 分位数。

因为 $F(x) = P\{X \leqslant x\} = P\left\{\dfrac{X-2}{4} \leqslant \dfrac{x-2}{4}\right\}$

$= P\left\{Y \leqslant \dfrac{x-2}{4}\right\} = \Phi\left(\dfrac{x-2}{4}\right)$

所以 $\Phi\left(\dfrac{x-2}{4}\right) = 0.05$

在正态分布数值表上不能直接查到这个值，在此可做如下变换

$$\Phi(x) = 1 - \Phi(-x)$$

这样可以得出

$$\Phi\left(-\dfrac{x-2}{4}\right) = 1 - \Phi\left(\dfrac{x-2}{4}\right) = 1 - 0.05 = 0.95$$

查正态分布数值表得

$$\Phi(1.65) = 0.9505$$

所以 $-\dfrac{x-2}{4} = 1.65$，也就是 $x = -4.6$。即 $F(x)$ 的 0.05 分位数为 -4.6。

(2) 由上 α 分位数的定义

$$1 - F(x) = \alpha$$

即可得

$$F(x) = 1 - \alpha = 1 - 0.025 = 0.975$$

又因为

$$F(x) = \Phi\left(\frac{x-2}{4}\right)$$

所以

$$\Phi\left(\frac{x-2}{4}\right) = 0.975$$

查正态分布数值表得

$$\frac{x-2}{4} = 1.96$$

也就是 $x = 9.84$. 即 $F(x)$ 的上 0.025 分位数为 9.84.

从这个例子还可以得出,标准正态分布的分布函数 $\Phi(x)$ 的上 0.025 分位数是 1.96.这个结论在后面的数理统计内容中很有用,它相当于:若 $X \sim N(0,1)$,则

$$P\{|X| < 1.96\} = 0.975$$

但有时根据 3σ 准则,近似记为

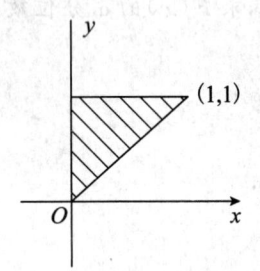

$$P\{|X| < 2\} = 0.95$$

这里需要注意的是后者是个近似的结果.又如 $\Phi(x)$ 的上 0.005 分位数是 2.58,但有时也根据 3σ 准则近似地记为 3.

例 11 设二维随机变量 (X,Y) 的联合分布密度函数为

$$\varphi(x,y) = \begin{cases} 2, & 0 < x < 1, 0 < y < x \\ 0, & \text{其他} \end{cases}$$

求 $\text{cov}(X,Y)$.

图 2-7 联合分布密度函数定义域

解 联合分布密度函数的定义域如图 2-7 所示,由公式(2.4.6)有

$$E(X) = \int_{-\infty}^{+\infty}\int_{-\infty}^{+\infty} x\varphi(x,y)\,\mathrm{d}x\,\mathrm{d}y$$

$$= \int_0^1 \mathrm{d}x \int_0^x 2x\,\mathrm{d}y$$

$$= \int_0^1 (2xy\,|_0^x)\,\mathrm{d}x = \int_0^1 2x^2\,\mathrm{d}x = \frac{2}{3}$$

$$E(Y) = \int_{-\infty}^{+\infty}\int_{-\infty}^{+\infty} y\varphi(x,y)\,\mathrm{d}x\,\mathrm{d}y$$

$$= \int_0^1 \mathrm{d}x \int_0^x 2y\,\mathrm{d}y$$

$$= \int_0^1 (y^2\,|_0^x)\,\mathrm{d}x = \int_0^1 x^2\,\mathrm{d}x = \frac{1}{3}$$

$$E(XY) = \int_{-\infty}^{+\infty}\int_{-\infty}^{+\infty} xy\varphi(x,y)\mathrm{d}x\,\mathrm{d}y$$
$$= \int_0^1 \mathrm{d}x \int_0^x 2xy\,\mathrm{d}y$$
$$= \int_0^1 (xy^2|_0^x)\mathrm{d}x = \int_0^1 x^3\mathrm{d}x = \frac{1}{4}$$
$$\mathrm{cov}(X,Y) = E(XY) - E(X)E(Y)$$
$$= \frac{1}{4} - \frac{2}{3} \times \frac{1}{3} = \frac{1}{36}$$

由此可以看出 X 与 Y 不是相互独立的.

自我测试题

一、填空题

1. 已知连续型随机变量 X 的分布函数为 $F(x)$,且密度函数 $f(x)$ 连续,则 $f(x) =$ _____.
2. 设随机变量 $X \sim U(0,1)$,则 X 的分布函数为 $F(x) =$ _____.
3. 若 $X \sim B(20,0.3)$,则 $E(X) =$ _____.
4. 若 $X \sim N(\mu,\sigma^2)$,则 $P\{|X-\mu| \leqslant 3\sigma\} =$ _____.
5. 若二维随机变量 (X,Y) 的相关系数 $\rho_{X,Y} = 0$,则称 X,Y _____.
6. $E\{[X-E(X)][Y-E(Y)]\}$ 称为二维随机变量 (X,Y) 的 _____.

二、单项选择题

1. 设随机变量 $X \sim B(n,p)$,且 $E(X) = 4.8, D(X) = 0.96$,则参数分别是( ).
   (A) 6,0.8　　　(B) 8,0.6　　　(C) 12,0.4　　　(D) 14,0.2
2. 设 $f(x)$ 为连续型随机变量 X 的密度函数,则对任意的 $a < b, E(X) = ($).
   (A) $\int_{-\infty}^{+\infty} xf(x)\mathrm{d}x$　　　(B) $\int_a^b xf(x)\mathrm{d}x$
   (C) $\int_a^b f(x)\mathrm{d}x$　　　(D) $\int_{-\infty}^{+\infty} f(x)\mathrm{d}x$
3. 在下列函数中可以作为密度函数的是( ).

   (A) $f(x) = \begin{cases} \sin x, & -\dfrac{\pi}{2} < x < \dfrac{3\pi}{2} \\ 0, & \text{其他} \end{cases}$

   (B) $f(x) = \begin{cases} \sin x, & 0 < x < \dfrac{\pi}{2} \\ 0, & \text{其他} \end{cases}$

   (C) $f(x) = \begin{cases} \sin x, & 0 < x < \dfrac{3\pi}{2} \\ 0, & \text{其他} \end{cases}$

(D)$f(x)=\begin{cases}\sin x, & 0<x<\pi \\ 0, & 其他\end{cases}$

4. 设连续型随机变量 X 的密度函数是 $f(x)$，分布函数是 $F(x)$，则对任给的区间 (a,b)，则 $P\{a<X<b\}=(\quad)$.

(A)$F(a)-F(b)$ (B)$\int_a^b F(x)\mathrm{d}x$

(C)$f(a)-f(b)$ (D)$\int_a^b f(x)\mathrm{d}x$

5. 设 X 为随机变量，则 $D(2X-3)=(\quad)$.

(A)$2D(X)+3$ (B)$2D(X)$

(C)$2D(X)-3$ (D)$4D(X)$

6. 设 X 是随机变量，$E(X)=\mu$，$D(X)=\sigma^2$，当（ ）时，有 $E(X)=0$，$D(X)=1$.

(A)$Y=\sigma X+\mu$ (B)$Y=\sigma X-\mu$

(C)$Y=\dfrac{X-\mu}{\sigma}$ (D)$Y=\dfrac{X-\mu}{\sigma^2}$

三、计算与证明题

1. 同时掷两枚均匀的骰子，求点数和的概率分布.

2. 设随机变量 X 的密度函数

$$f(x)=\begin{cases}A\mathrm{e}^{-2x}, & x>0 \\ 0, & x\leqslant 0\end{cases}$$

(1)求 A；(2)求 $P\{X>3\}$.

3. 盒中有 5 只球，编号为 1~5，一次取出 3 只，以 X 表示取出的最大编号号码，求：(1)X 的概率分布；(2)X 的分布函数 $F(x)$；(3)$E(X)$，$D(X)$.

4. 某篮球运动员 1 次投篮投中篮框的概率为 0.8，该运动员投篮 4 次，(1)求投中篮框不少于 3 次的概率；(2)求至少投中篮框 1 次的概率.

5. 设 $X\sim N(1,0.6^2)$，计算(1)$P\{0.2<X\leqslant 1.8\}$；(2)$P\{X>0\}$.

6. 设 $X\sim N(0,1)$，证明

$$\Phi(x)=1-\Phi(-x)$$

7. 设连续型随机变量 X 的密度函数是 $f(x)$，证明

$$\int_{-\infty}^{+\infty}[x-E(X)]f(x)\mathrm{d}x=0$$

第 3 章 统计推断

学习目标

1. 知道点估计、区间估计的概念;会 1→1 回归分析.
2. 了解总体、样本、统计量的概念,评价估计量的两个标准,最小二乘法的基本思想.掌握矩估计法、t 检验法.
3. 理解假设检验的基本思想,熟练掌握最大似然估计法、u 检验法.

通过第 1 章和第 2 章的学习,我们学会了用事件或随机变量来描述随机现象.我们注意到,概率论中研究随机变量时,总是假定随机变量的概率分布或某些数字特征为已知,而在实际问题中,随机变量的概率分布或数字特征往往是不知道或知道甚少,这时如何用概率知识来分析处理这些问题呢? 通常的做法就是对要研究的随机现象,进行观察和试验,从中收集一些与我们研究的问题有关的数据,以此对随机现象的客观规律作出推断,亦即由统计数据(或样本)对研究对象(总体)作出推测和判断.数理统计就是研究这一类问题的数学分支.由于只能依靠有限的数据去推断总体的规律,因而所作出的结论不可能绝对准确,总带有一定的不确定性,即推断是一定概率下的推断.这种伴随有一定概率的推断,在数理统计学中就称为**统计推断**.

3.1 总体、样本、统计量

总体、样本和统计量都是数理统计中常用的术语,本节介绍这些基本概念.

3.1.1 总体和样本

为了说明总体和样本的概念,先看下面的例子.

例 1 为了解某城市职工的年收入情况,一般随机抽取一部分职工的收入,进行调查统计,以此作为这个城市职工收入状况的估计.

例 2 为检测一批钢筋的拉力是否合格,一般采用从中任意抽取 2 根进行测试的方法.如果这 2 根合格了,则认为这批钢筋合格;否则,再抽取 4 根进行测试,若合格,则认为这批钢筋合格;否则,认为这批钢筋不合格.

上述例子都有一个共同的特点,就是为了研究某个对象的性质,不是一一研究对象所包含的全部个体,而是只研究其中的一部分,通过对这部分个体的研究,推断对象全体的性质,这就引出了总体和样本的概念.

我们将所研究对象的一个或多个指标的全体称为**总体**;组成总体的基本单位称为**个体**;从总体中抽取出来的个体称为**样品**;若干个样品组成的集合称为**样本**;一个样本中所含样品的个数称为**样本容量**(或样本大小).由 n 个样品组成的样本用 $x_1, x_2, \cdots, x_n$ 表示.

如例 1 中,该城市全体职工的年收入构成一个总体,每一个职工的年收入是一个个体,从总体中抽取出来的每一职工收入是一个样品,所有抽取出来的职工收入构成一个样本.例 2 研究钢筋的拉力,那么所有钢筋的拉力构成总体,抽取出来的 2 根钢筋的拉力构成样本,其中每一根钢筋是样品.样本容量是 2.为什么要用样本来代替总体的性质呢?这样做是否可行呢?先回答第一个问题:由于我们要研究的总体或者个体数目很大(如某城市职工总数),或者所做的试验是破坏性的(如钢筋的质量测试),因此我们抽取样本进行研究.至于第二个问题,正是本章后几节要研究的问题.

我们研究总体时,所关心的是总体的某一特性指标(如例 1 中研究城市职工的收入和例 2 中研究钢筋的拉力),而总体的特性是由各个个体的特性组成的,因此任何一个总体都可以用一个随机变量 X 来表示,X 的每一个取值就是一个个体的数量指标,总体是随机变量 X 取值的全体.(如果要研究的指标不止一个,那么可以分成几个总体来研究).假设表示总体的随机变量 X 的分布函数为 $F(x)$,则称总体 X 的分布为 $F(x)$,记作 $X \sim F(x)$.今后,凡是提到总体,就是指一个随机变量;说总体的分布,就是指随机变量的分布.总体用大写的 $X, Y, Z \cdots$ 表示.

当从总体中抽取一个样品进行测试后,随机变量就取得一个观测值,这个数值称为**样品值**;抽取 n 个样品组成样本 $x_1, x_2, \cdots, x_n$ 时,得到的观测值称为**样本值**.为方便起见,在不至于引起混淆的情况下,我们仍用 $x_1, x_2, \cdots, x_n$ 表示样本值.

我们的目的是要根据观测到的样本值 $x_1, x_2, \cdots, x_n$,对总体的某些特性进行估计、推断,这就需要对样本的抽取提出一些要求.因为独立观察是一种最简单的观察方法,所以自然要求样本 $x_1, x_2, \cdots, x_n$ 是相互独立的随机变量.又因为选取的样本对总体来说要有代表性,所以要求每个样品 $x_i (i=1, 2, \cdots, n)$ 必须与总体具有相同的概率分布.因此,今后我们提到样本,都是指简单随机样本———一组独立且同分布的随机变量.怎样才能得到简单随机样本呢?通常样本的容量相对总体的数目都是很小的,取了一个样品,再取一个,总体分布可以认为毫无改变,因此样品之间彼此是相互独立且同总体分布的,即样本 $x_1, x_2, \cdots, x_n$ 是一个简单随机样本;又如重复测量一个物体的长度,测量值是一个随机变量,在重复测量 n 次后得到的样本 $x_1, x_2, \cdots, x_n$ 也是独立同分布的,因此也是一个简单随机样本.

3.1.2 统计量

数理统计的任务就是对样本值进行加工、分析,然后得出结论以说明总体.为了把样本中所包含的我们所关心的信息都集中起来,就需要针对不同的问题构造出样本的某种函数.这种函数在数理统计中称为统计量.

定义 3.1 设 $x_1, x_2, \cdots, x_n$ 是总体 X 的样本,$f(x_1, x_2, \cdots, x_n)$ 是 n 元函数,如果 $f(x_1, x_2, \cdots, x_n)$ 中不包含任何未知参数,则称 $f(x_1, x_2, \cdots, x_n)$ 为样本 $x_1, x_2, \cdots, x_n$ 的一个**统计量**.当 $x_1, x_2, \cdots, x_n$ 取定一组值时,$f(x_1, x_2, \cdots, x_n)$ 就是统计量的一个观测值.

从定义可知,统计量是一组独立同分布的随机变量的函数,而随机变量的函数仍是随机变量,因此统计量仍为随机变量,值得注意的是,统计量中不含未知参数.例如,设 $x_1, x_2, \cdots, x_n$ 是正态总体 $N(\mu, \sigma^2)$ 中抽取的一个样本,其中 μ, σ^2 是未知参数,则 $\sum_{i=1}^{n} \frac{x_i}{n} - \mu$ 与 $\sum_{i=1}^{n} \frac{x_i}{\sigma}$ 都不是统计量,这是因为它们含有未知参数,而 $\sum_{i=1}^{n} \frac{x_i}{n}$ 与 $\sum_{i=1}^{n} \frac{x_i^2}{n}$ 都是统计量.

3.1.3 样本矩

统计量是统计推断中一个非常重要的概念,当我们要了解一个总体的分布或总体中的某个参数时,往往要构造一个统计量,然后依据样本所遵从的总体分布,找到统计量所应遵从的分布,以此对总体的分布或总体中的某个参数作出合理的推断.下面介绍一些常用的统计量——**样本矩**.

设 $x_1, x_2, \cdots, x_n$ 是从总体 X 中抽取出来的一个样本,称统计量

$$\bar{x} = \frac{1}{n} \sum_{i=1}^{n} x_i$$

为**样本均值**.称统计量

$$s^2 = \frac{1}{n-1} \sum_{i=1}^{n} (x_i - \bar{x})^2$$

为**样本方差**.称统计量

$$\frac{1}{n} \sum_{i=1}^{n} x_i^k \quad (k = 1, 2, \cdots)$$

为 **k 阶样本原点矩**.称统计量

$$\frac{1}{n} \sum_{i=1}^{n} (x_i - \bar{x})^k \quad (k = 1, 2, \cdots)$$

为 **k 阶样本中心矩**.

显然,样本均值是一阶原点矩,但样本方差不是二阶中心矩.

练习 3.1

1. 设 x_1, x_2, x_3 是正态总体 $N(\mu, \sigma^2)$ 的一个样本，其中 μ 已知，而 σ^2 未知，指出下列样本函数

$$x_1 + x_2 + x_3, x_2 + 2\mu, \min(x_1, x_2, x_3), \sum \frac{x_i^2}{\sigma^2}, \frac{(x_3 - x_1)}{2}$$

中，哪些是统计量，哪些不是统计量，为什么？

2. 从总体 X 中任意抽取一个容量为 10 的样本，样本值为

$$4.5, 2.0, 1.0, 1.5, 3.5, 4.5, 6.5, 5.0, 3.5, 4.0$$

试分别计算样本均值 $\bar{x}$ 及样本方差 s^2.

3. 设 $x_1, x_2, \cdots, x_5$ 是从二点分布 $B(1, p)$ 中抽取的样本，其中 $P(X=1)=p, P(x=0)=1-p, p$ 是未知参数，

(1) 指出 $x_1 + x_2, \max\limits_{1 \leqslant i \leqslant 5}\{x_i\}, x_3 + p, (x_4 - 3x_2)^2$ 中哪些是统计量；

(2) 如果 $(x_1, x_2, \cdots, x_5)$ 的一个观察值是 $(0,1,0,1,1)$，计算样本均值和样本方差.

3.2 抽样分布

我们知道，统计量是样本 $x_1, x_2, \cdots, x_n$ 的函数，它也是一个随机变量，那么如何求出统计量的分布呢？一般地，如果总体 X 的分布已知，注意到 $x_1, x_2, \cdots, x_n$ 独立且和 X 有相同的分布，则统计量的分布可以求得.

统计量的分布又称为**抽样分布**. 一般说来，要确定某一统计量的分布是比较复杂的问题，在此介绍的几个常用统计量的分布，只给出结论和使用方法，不予证明. 有兴趣的同学可查阅其他书籍.

在以下结论中，样本均值为 $\bar{x} = \frac{1}{n}\sum\limits_{i=1}^{n} x_i$，样本方差为 $s^2 = \frac{1}{n-1}\sum\limits_{i=1}^{n}(x_i - \bar{x})^2$.

1. χ^2 分布

定义 3.2 设 $x_1, x_2, \cdots, x_n$ 是来自标准正态分布 $N(0,1)$ 的一个样本，则称统计量

$$\chi^2 = x_1^2 + x_2^2 + \cdots + x_n^2$$

所服从的分布为自由度是 n 的 χ^2 分布，记作 $\chi^2 \sim \chi^2(n)$.

χ^2 分布的概率密度为

$$f(x) = \begin{cases} \dfrac{1}{2^{\frac{n}{2}} \Gamma\left(\dfrac{n}{2}\right)} x^{\frac{n}{2}-1} e^{-\frac{x}{2}}, & x > 0 \\ 0, & x \leqslant 0 \end{cases}$$

其中 $\Gamma\left(\dfrac{n}{2}\right)$ 是 Γ 函数 $\Gamma(t)=\int_0^{+\infty}x^{t-1}\mathrm{e}^{-x}\mathrm{d}x(t>0)$ 在 $t=\dfrac{n}{2}$ 处的函数值.①

$f(x)$ 的图形如图 3-1.

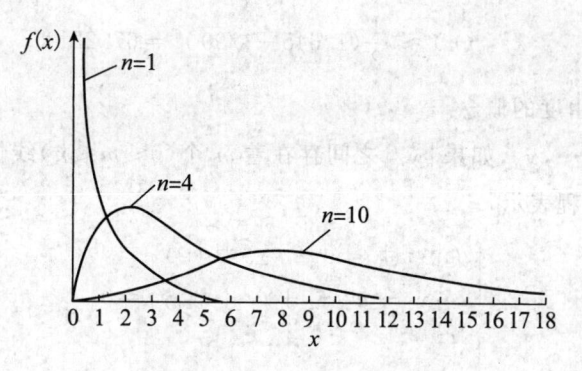

图 3-1　$\chi^2(n)$ 的概率密度

对于给定的正数 $\alpha:0<\alpha<1$，称满足 $\int_{\chi_\alpha^2(n)}^{+\infty}f(x)\mathrm{d}x=\alpha$ 的点 $\chi_\alpha^2(n)$ 为 $\chi^2(n)$ 分布的**上 100α 百分位点**，其中 $f(x)$ 是 $\chi^2(n)$ 分布的概率密度.(如图 3-2).

对于不同的 α 和 n，上 100α 百分位点 $\chi_\alpha^2(n)$ 的值已制成表格可以查用(附录 3).例如 $\alpha=0.05, n=10$，查得 $\chi_\alpha^2(n)=18.307$，即有

$$P\{\chi^2(10)>18.307\}=\int_{8.307}^{+\infty}f(x)\mathrm{d}x=0.5$$

附表中，$\chi^2(n)$ 分布表只列到 $n=45$.当 n 很大时，(一般地 $n>45$)，可以证明 $\sqrt{2\chi^2(n)}$ 近似地服从正态分布 $N(\sqrt{2n-1},1)$，亦即 $\sqrt{2\chi^2(n)}-\sqrt{2n-1}$ 近似地服从 $N(0,1)$，从而可得

$$\sqrt{2\chi_\alpha^2(n)}-\sqrt{2n-1}\approx z_\alpha$$

其中 z_α 是 $N(0,1)$ 的**上 100α 百分位点**，即 $\Phi(z_\alpha)=1-\alpha$(如图 3-3).

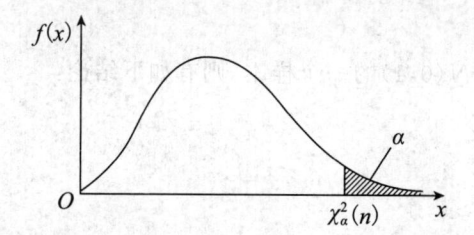

图 3-2　$\chi^2(n)$ 分布的上 100α 百分位点 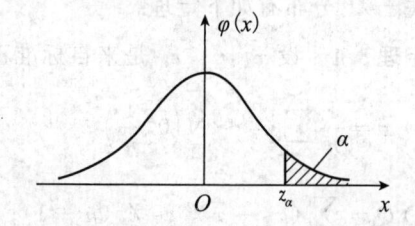　　　图 3-3　标准正态分布的上 100α 百分位点

由此得到 $\chi^2(n)$ 分布的上 100α 百分位点 $\chi_\alpha^2(n)$ 的近似值为

---

① Γ 函数的性质:对于任意 $t>0$，有 $\Gamma(t)=(t-1)\Gamma(t-1)$;对于任意的正整数 n，有 $\Gamma(n)=(n-1)!,\Gamma(1)=1$, $\Gamma\left(\dfrac{1}{2}\right)=\sqrt{\pi}$.

$$\chi_\alpha^2(n) \approx \frac{1}{2}(z_\alpha + \sqrt{2n-1})^2.$$

例如 $\alpha=0.05, n=50$，近似有

$$\chi_{0.05}^2(n) \approx \frac{1}{2}(1.645+\sqrt{99})^2 = 67.221$$

下面解释一下自由度的概念.

对于变量 $y_1, y_2, \cdots, y_n$，如果 $|y_i|$ 之间存在着 m 个 $(0 \leqslant m \leqslant n)$ 线性约束条件，这些约束条件可由以下 m 个方程表示

$$\begin{cases} a_{11}y_1 + a_{12}y_2 + \cdots + a_{1n}y_n = 0 \\ a_{21}y_1 + a_{22}y_2 + \cdots + a_{2n}y_n = 0 \\ \cdots\cdots \\ a_{m1}y_1 + a_{m2}y_2 + \cdots + a_{mn}y_n = 0 \end{cases}$$

并且这 m 个方程是相互独立的，即方程组系数矩阵的秩等于 m，则由线性代数的知识知，$y_1, y_2, \cdots, y_n$ 中有 $(n-m)$ 个独立变量. 如果在平方和 $\sum_{i=1}^n y_i^2$ 中，$y_1, y_2, \cdots, y_n$ 之间存在着 m 个独立的线性约束条件，则称平方和 $\sum_{i=1}^n y_i^2$ 的自由度为 $(n-m)$. 定义 3.1 中的 χ^2 是样本 $x_1, \cdots, x_n$ 的平方和，而 $x_1, \cdots, x_n$ 之间没有线性约束条件（$x_1, \cdots, x_n$ 是独立同分布的随机变量），即 $m=0$，所以 χ^2 的自由度为 n. 又如，平方和 $Q = \sum_{i=1}^n (x_i - \overline{x})^2$ 中，n 个变量 $x_1-\overline{x}, x_2-\overline{x}, \cdots, x_n-\overline{x}$ 之间存在着唯一的线性约束条件

$$(x_1-\overline{x}) + (x_2-\overline{x}) + \cdots + (x_n-\overline{x}) = (x_1+x_2+\cdots+x_n) - n\overline{x} = 0$$

所以平方和 $Q = \sum_{i=1}^n (x_i - \overline{x})^2$ 的自由度为 $(n-1)$（见定理 3.1）.

关于 χ^2 分布有如下定理.

定理 3.1 设 $x_1, \cdots, x_n$ 是来自标准正态总体 $N(0,1)$ 的一个样本，则有如下结论：

1) $\overline{x} = \frac{1}{n}\sum_{i=1}^n x_i \sim N\left(0, \frac{1}{n}\right)$;

2) $Q = \sum_{i=1}^n (x_i - \overline{x})^2 \sim \chi^2(n-1)$;

3) $\overline{x}$ 与 Q 相互独立.

一般地有.

定理 3.2 设 $x_1, \cdots, x_n$ 是来自正态总体 $N(\mu, \sigma^2)$ 的一个样本，则有如下结论：

1) 样本均值 $\overline{x} = \frac{1}{n}\sum_{i=1}^n x_i \sim N\left(\mu, \frac{\sigma^2}{n}\right)$;

2)统计量 $(n-1)s^2/\sigma^2 = \sum_{i=1}^{n}(x_i-\overline{x})^2/\sigma^2 \sim \chi^2(n-1)$；

3)$\overline{x}$ 与 s^2 相互独立.

2. t 分布

定义 3.3 设 $X \sim N(0,1), Y \sim \chi^2(n)$，且 X 与 Y 相互独立，则称随机变量

$$t = \frac{X}{\sqrt{Y/n}}$$

服从自由度为 n 的 **t 分布**，记作 $t \sim t(n)$.

自由度为 n 的 t 分布的概率密度为

$$f(t) = \frac{\Gamma\left(\frac{n+1}{2}\right)}{\Gamma\left(\frac{n}{2}\right)\sqrt{n\pi}}\left(1+\frac{t^2}{n}\right)^{-\frac{n+1}{2}}, -\infty < t < +\infty$$

$f(t)$ 的图形如图 3-4，它关于 $t=0$ 是对称的，并且形状类似于正态概率密度的图形. 当 n 很大时(一般地 $n > 30$)，t 分布近似于标准正态分布 $N(0,1)$，但对于小的样本容量 n，t 分布与 $N(0,1)$ 相差很大.

对于给定的正数 $\alpha: 0 < \alpha < 1$，称满足 $\int_{t_\alpha(n)}^{+\infty} f(t)\mathrm{d}t = \alpha$ 的点 $t_\alpha(n)$ 为 t 分布的**上 100α 百分位点**，其中 $f(t)$ 是 t 分布的概率密度(如图 3-4).

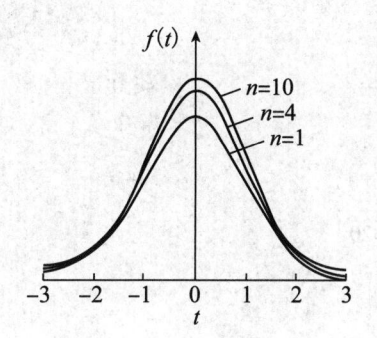

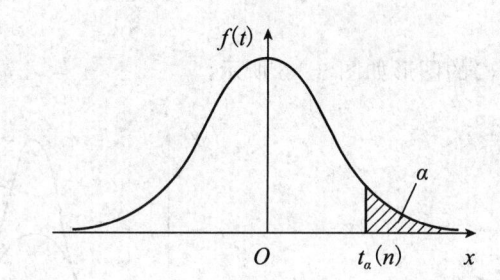

图 3-4 t 分布概率密度　　　　图 3-5 $t(n)$ 分布的上 100α 百分位点

根据 t 分布的上 100α 百分位点定义可知(如图 3-5)：

$$t_{1-\alpha}(n) = -t_\alpha(n)$$

t 分布的上 100α 百分位点可由附录 2 查得. 例如 $\alpha = 0.05, n = 20$，查得 $t_\alpha(20) = 1.7247$，即有

$$P\{t(n) > t_{0.05}(2)\} = \int_{1.7247}^{+\infty} f(t)\mathrm{d}t = 0.5$$

但是当 $n > 45$，可以利用正态分布 $N(0,1)$ 近似：

$$t_\alpha(n) \approx z_\alpha, n > 45$$

定理 3.3 设 $x_1,\cdots,x_n(n\geqslant 2)$ 是来自 $N(\mu,\sigma^2)$ 的一个样本,则
$$t=\frac{\overline{x}-\mu}{s/\sqrt{n}}\sim t(n-1)$$

定理 3.4 设 $x_1,\cdots,x_{n1}$ 来自正态总体 $X\sim N(\mu_1,\sigma^2)$ 的样本,$y_1,\cdots,y_{n2}$ 来自正态总体 $Y\sim N(\mu_2,\sigma^2)$ 的样本,且 X 与 Y 相互独立,则统计量
$$\frac{(\overline{x}-\overline{y})-(\mu_1-\mu_2)}{\sqrt{(n_1-1)s_1^2+(n_2-1)s_2^2}}\cdot\sqrt{\frac{n_1n_2(n_1+n_2-2)}{n_1+n_2}}$$
遵从自由度为 (n_1+n_2-2) 的 t 分布.其中 $\overline{x},\overline{y}$ 分别是两总体的样本均值,s_1^2,s_2^2 分别是两总体的样本方差,n_1,n_2 分别是两总体的样本容量.

3. F 分布

定义 3.4 若随机变量 $X_1\sim\chi^2(n_1)$,$X_2\sim\chi^2(n_2)$,且 X_1 与 X_2 相互独立,则称随机变量
$$F=\frac{X_1/n_1}{X_2/n_2}$$
服从自由度为 (n_1,n_2) 的 **F 分布**,其中 n_1 称为分子的自由度(或称第一自由度),n_2 称为分母的自由度(或称第二自由度).记作 $F\sim F(n_1,n_2)$.

F 分布的概率密度为
$$f(y)=\begin{cases}\dfrac{\Gamma\left(\dfrac{n_1+n_2}{2}\right)}{\Gamma\left(\dfrac{n_1}{2}\right)\Gamma\left(\dfrac{n_2}{2}\right)}\left(\dfrac{n_1}{n_2}\right)^{\frac{n_1}{2}}y^{\frac{n_1}{2}-1}\left(1+\dfrac{n_1}{n_2}y\right)^{-\frac{n_1+n_2}{2}},&y\geqslant 0\\0,&y<0\end{cases}$$

$f(y)$ 的图形如图 3-6 所示.

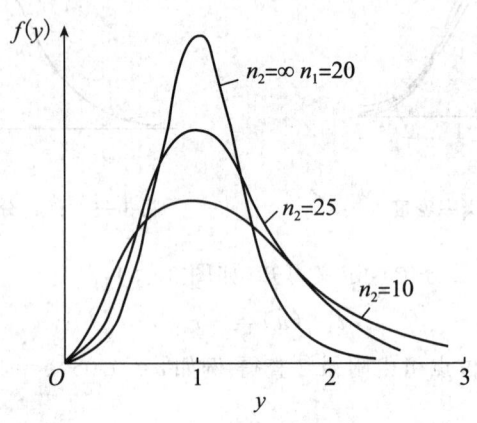

图 3-6 F 分布的概率密度

F 分布的上 **100α 百分位点** $F_\alpha(n_1,n_2)$ 是指满足
$$\int_{F_\alpha(n_1,n_2)}^{+\infty}f(y)\mathrm{d}y=\alpha,$$

的点 $F_\alpha(n_1,n_2)$,其中 $f(y)$ 是 F 分布的概率密度(图 3-7).

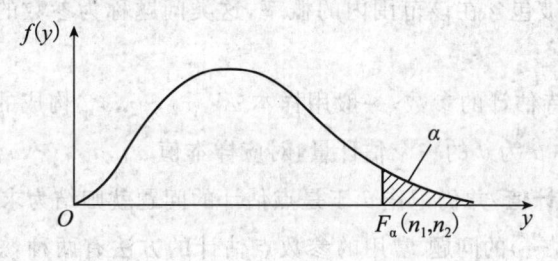

图 3-7 $F(n_1,n_2)$ 分布的上 100α 百分位点

$F_\alpha(n_1,n_2)$ 具有性质 $F_{1-\alpha}(n_1,n_2)=\dfrac{1}{F_\alpha(n_2,n_1)}$,利用此式可以求 F 分布表中没有列出的某些值.

例如,设 $F\sim F(8,12)$,$\alpha=0.05$,查附录 4 可得 $F_{0.05}(8,12)=2.85$.又若求 $F_{0.90}(12,15)$,查表得 $F_{0.10}(15,12)=2.10$,故 $F_{0.90}(12,15)=1/2.10=0.476$.

定理 3.5 设 $x_1,\cdots,x_{n_1}$ 是来自正态总体 $X\sim N(\mu_1,\sigma^2)$ 的样本,$y_1,\cdots,y_{n_2}$ 是来自正态总体 $Y\sim N(\mu_2,\sigma^2)$ 的样本,且 X 与 Y 相互独立,则统计量

$$\frac{s_1^2}{s_2^2}\sim F(n_1-1,n_2-1)$$

其中 s_1^2,s_2^2 分别是两正态总体的样本方差,n_1,n_2 分别是两总体的样本容量.

练习 3.2

1. 设总体 $X\sim N(52,6.3^2)$,样本容量 $n=36$,求样本均值落在 $50.8\sim 53.8$ 的概率.
2. 某种零件长度服从 $X\sim N(11,0.3^2)$,今从中任取 12 个零件抽检,求:
(1) 12 个零件的平均长度大于 11.1 的概率;
(2) 12 个零件的长度的样本方差大于 0.36^2 的概率.
3. 设总体 $X\sim N(0,0.3^2)$,样本容量 $n=10$,求 $P\left\{\sum\limits_{i=1}^{10}x_i^2>1.44\right\}$.

3.3 参数的点估计

参数估计是统计推断的基本问题.在统计推断理论中,对均值、方差等未知参数进行估计叫做**参数估计**,对概率分布进行估计叫做非**参数估计**.对参数进行估计有两种方法,一种是点估计,另一种是区间估计.假设总体 X 的分布函数的形式为已知,但它的一个或多个参数未知.如果得到了 X 的样本观察值 $x_1,x_2,\cdots,x_n$,很自然地会想到用这组数据来估计总体参数的

值,这个问题称为参数的**点估计**问题.有时不是对参数作定值估计,而是要估计参数的一个所在范围,并指出该参数被包含在该范围内的概率,这类问题称为参数的**区间估计**.本节介绍参数的点估计.

设 θ 为总体 X 的待估计的参数,一般用样本 $x_1,x_2,\cdots,x_n$ 构成的一个统计量 $\hat{\theta}=\hat{\theta}(x_1,x_2,\cdots,x_n)$ 来估计 θ,称 $\hat{\theta}$ 为 θ 的一个估计量,对应样本值 $x_1,x_2,\cdots,x_n$,估计量 $\hat{\theta}$ 的值 $\hat{\theta}(x_1,x_2,\cdots,x_n)$ 称为 θ 的**估计值**,并仍记作 $\hat{\theta}$.于是点估计的问题就归结为求一个作为待估计参数 θ 的估计量 $\hat{\theta}(x_1,x_2,\cdots,x_n)$ 的问题.常用的参数点估计的方法有两种:矩估计法和极大似然估计法.

3.3.1 矩估计法

矩估计法就是用样本矩去估计总体矩,从而得到未知参数估计量的方法.具体地说,就是用 k 阶样本原点矩 $\frac{1}{n}\sum_{i=1}^{n}x_i^k,(k=1,2,\cdots)$ 去估计总体的 k 阶原点矩 $E(X^k)$,用 k 阶样本中心矩 $\frac{1}{n}\sum_{i=1}^{n}(x_i-\overline{x})^k(k=1,2,\cdots)$ 去估计总体的 k 阶中心矩 $E[X-E(X)]^k$.这样做的合理性是因为可以证明当样本容量 n 无限增大时,样本矩与其相应的总体矩任意接近的概率趋于 1.

下面通过例子介绍矩估计法.

例1 设 $x_1,x_2,\cdots,x_n$ 是来自正态总体 $N(\mu,\sigma^2)$ 的一个样本,试求 μ 和 σ^2 的估计量.

解 因为 $x_1,x_2,\cdots,x_n$ 是来自正态总体 $N(\mu,\sigma^2)$ 的一个样本,因此 $E(x_i)=\mu,D(x_i)=\sigma^2,i=1,2,\cdots,n$.我们知道正态总体的一阶原点矩是期望,二阶原点矩 $E(x_i^2)=D(x_i)-[E(x_i)]^2=\sigma^2+\mu^2$.因此用样本的一阶原点矩(即均值 $\overline{x}$),去估计总体的均值 μ,用样本的二阶原点矩 $\left(即\frac{1}{n}\sum_{i=1}^{n}x_i^2\right)$,去估计总体的二阶原点矩 $\sigma^2+\mu^2$.于是可得

$$\begin{cases}\hat{\mu}=\overline{x}\\ \hat{\sigma}^2+\hat{\mu}^2=\frac{1}{n}\sum_{i=1}^{n}x_i^2\end{cases}$$

从上式解出 $\hat{\mu}$ 和 $\hat{\sigma}^2$,得

$$\begin{cases}\hat{\mu}=\overline{x}\\ \hat{\sigma}^2=\frac{1}{n}\sum_{i=1}^{n}x_i^2-\overline{x}^2=\frac{1}{n}\sum_{i=1}^{n}(x_i-\overline{x})^2\end{cases}$$

若要求标准差 σ 的估计量 $\hat{\sigma}$,则从上式可得

$$\hat{\sigma}=\sqrt{\frac{1}{n}\sum_{i=1}^{n}(x_i-\overline{x})^2}$$

例2 设某种灯泡寿命 $X\sim N(\mu,\sigma^2)$,其中 μ 和 σ^2 未知,今随机抽取 5 只灯泡,测得寿命

分别为(单位:小时)

$$1\,623, 1\,527, 1\,287, 1\,432, 1\,591$$

求 μ 和 σ^2 的估计值.

解 根据例1的结论,得

$$\hat{\mu} = \bar{x} = \frac{1}{5}(1\,623 + 1\,527 + 1\,287 + 1\,432 + 1\,591) = 1\,492$$

$$\hat{\sigma}^2 = \frac{1}{5}(1\,623^2 + 1\,527^2 + \cdots + 1\,591^2) - 1\,492^2 = 14\,762.4$$

即 μ 和 σ^2 的估计值分别为

$$\begin{cases} \hat{\mu} = 1\,492 \\ \hat{\sigma}^2 = 14\,762.4 \end{cases}$$

例3 设 X 服从均匀分布

$$f(x) = \begin{cases} \dfrac{1}{\beta}, & 0 < x < \beta \\ 0 \end{cases}$$

若 1.3, 0.6, 1.7, 2.2, 0.3, 1.1 是总体 X 的一组样本值,试估计这个总体的数学期望、方差以及参数 β.

解 分别用样本的均值和方差估计总体的均值和方差,故总体期望的估计值为

$$\bar{x} = \frac{1}{6}(1.3 + 0.6 + 1.7 + 2.2 + 0.3 + 1.1) = 1.2$$

因为 $E(s^2) = D(X)$,所以总体方差的估计值为

$$s^2 = \frac{1}{6}(1.3^2 + 0.6^2 + \cdots + 1.1^2) - 1.2^2 = 0.776$$

为了估计参数 β,先求总体的数学期望 $E(X)$

$$E(X) = \int_{-\infty}^{+\infty} x f(x) \mathrm{d}x = \int_0^\beta x/\beta \mathrm{d}x = \frac{\beta}{2}$$

令 $\dfrac{\beta}{2} = \bar{x}$,则得 β 的矩估计值 $\hat{\beta}$ 为

$$\hat{\beta} = 2\bar{x} = 2 \times 1.2 = 2.4$$

3.3.2 极大似然估计法

设 $x_1, x_2, \cdots, x_n$ 是来自密度为 $f(x;\theta)$ 的一个样本,θ 是未知参数,称 $f(x_1;\theta)f(x_2;\theta)\cdots f(x_n;\theta)$ 为 θ 的似然函数,记作 $L(\theta;x_1,x_2,\cdots,x_n)$,即

$$L(\theta;x_1,x_2,\cdots,x_n) = f(x_1;\theta)f(x_2;\theta)\cdots f(x_n;\theta)$$

由于样本值 $x_1, x_2, \cdots, x_n$ 是已知确定的值,而 θ 是未知的,因此似然函数是关于 θ 的函数.

极大似然估计法的直观想法就是"概率最大的事件最可能出现".当 θ 已知时,似然函数 L 描述了样本取得具体样本值 $(x_1,x_2,\cdots,x_n)$ 的可能性.既然随机试验的结果得到样本观测值 $x_1,x_2,\cdots,x_n$,说明这组样本观测值出现的可能性(概率)最大,因此我们所选取的参数 θ 的估计量 $\hat{\theta}$,应使似然函数 $L(\theta;x_1,x_2,\cdots,x_n)$ 达到最大值,即当参数 θ 用 $\hat{\theta}$ 作估计量时

$$L(\hat{\theta};x_1,x_2,\cdots,x_n)=\max L(\theta;x_1,x_2,\cdots,x_n)$$

使似然函数 $L(\theta;x_1,x_2,\cdots,x_n)$ 达到最大值的 $\hat{\theta}$ 称为参数的**极大似然估计量**.记作

$$\hat{\theta}=\hat{\theta}(x_1,x_2,\cdots,x_n)$$

于是确定极大似然估计量的问题就转化为微积分中的求极值问题.如果似然函数 $L(\theta;x_1,x_2,\cdots,x_n)$ 关于参数 θ 是可微的,求 $L(\theta;x_1,x_2,\cdots,x_n)$ 的最大值时,解方程

$$\frac{\mathrm{d}L}{\mathrm{d}\theta}=0$$

从中得到 θ,经过适当检验,便可得到 θ 的极大似然估计量 $\hat{\theta}$.实际计算时,由于似然函数 L 是多个函数连乘积的形式,直接对函数 L 求导比较困难,考虑到 $\ln L$ 是 L 的增函数,L 与 $\ln L$ 应该在 θ 的同一值处取得最大值,因此往往先对 L 取对数,然后再解方程

$$\frac{\mathrm{d}\ln L}{\mathrm{d}\theta}=0$$

从中得到的使 $\ln L$ 取得最大值的 $\hat{\theta}$,$\hat{\theta}$ 就是参数 θ 的极大似然估计量.

例 4 设总体 X 的分布为指数分布,其密度为

$$f(x,\lambda)=\begin{cases}\lambda \mathrm{e}^{-\lambda x}, & x>0\\ 0, & \text{其他}\end{cases}$$

其中 λ 为未知参数.设 $x_1,x_2,\cdots,x_n$ 是来自总体 X 的一个样本,求参数 λ 的极大似然估计.

解 似然函数为

$$L(\lambda;x_1,x_2,\cdots,x_n)=f(x_1;\lambda)f(x_2;\lambda)\cdots f(x_n;\lambda)$$

$$=\begin{cases}\lambda^n \mathrm{e}^{-\lambda\sum\limits_{i=1}^{n}x_i}, & x_i>0\\ 0, & \text{其他}\end{cases}$$

取对数,得

$$\ln L=n\ln\lambda-\lambda\sum_{i=1}^{n}x_i$$

解方程

$$\frac{\mathrm{d}\ln L}{\mathrm{d}\lambda}=\frac{n}{\lambda}-\sum_{i=1}^{n}x_i=0$$

得参数 λ 的极大似然估计量为

$$\hat{\lambda}=n\Big/\sum_{i=1}^{n}x_i=\frac{1}{\bar{x}}$$

总体 X 的分布中含有两个未知参数 θ_1,θ_2 时,极大似然估计法仍然适用,这时似然函数是二元函数 $L(\theta_1,\theta_2;x_1,x_2,\cdots,x_n)$.由二元函数极值存在的判别条件

$$\begin{cases} \dfrac{\partial \ln L}{\partial \theta_1}=0 \\ \dfrac{\partial \ln L}{\partial \theta_2}=0 \end{cases}$$

从中解出的使 $\ln L$ 取得最大值的 $\hat{\theta}_1,\hat{\theta}_2$,就是参数 θ_1,θ_2 的极大似然估计量.

例 5 设 $x_1,x_2,\cdots,x_n$ 是正态总体 $N(\mu,\sigma^2)$ 的一个样本,试求 μ 和 σ^2 的极大似然估计.

解 似然函数是

$$L(\mu,\sigma^2;x_1,x_2,\cdots,x_n)=\prod_{i=1}^{n}\left(\frac{1}{\sigma\sqrt{2\pi}}e^{-\frac{1}{2\sigma^2}(x_i-\mu)^2}\right)$$

$$=\left(\frac{1}{\sigma\sqrt{2\pi}}\right)^n e^{-\frac{1}{2\sigma^2}\sum_{i=1}^{n}(x_i-\mu)^2}$$

取对数

$$\ln L=n\ln\left(\frac{1}{\sigma\sqrt{2\pi}}\right)-\frac{1}{2\sigma^2}\sum_{i=1}^{n}(x_i-\mu)^2$$

$$=-n\ln\sqrt{2\pi}-\frac{n}{2}\ln\sigma^2-\frac{1}{2\sigma^2}\sum_{i=1}^{n}(x_i-\mu)^2$$

解方程组

$$\frac{\partial \ln L}{\partial \mu}=-\frac{1}{2\sigma^2}2(-1)\sum_{i=1}^{n}(x_i-\mu)=0$$

$$\frac{\partial \ln L}{\partial \sigma^2}=-\frac{n}{2\sigma^2}+\frac{1}{2(\sigma^2)^2}\sum_{i=1}^{n}(x_i-\mu)^2=0$$

得到

$$\mu=\frac{1}{n}\sum_{i=1}^{n}x_i$$

$$\sigma^2=\frac{1}{n}\sum_{i=1}^{n}(x_i-\overline{x})^2$$

于是得到 μ 和 σ^2 的极大似然估计分别是

$$\hat{\mu}=\frac{1}{n}\sum_{i=1}^{n}x_i=\overline{x}$$

$$\hat{\sigma}^2=\frac{1}{n}\sum_{i=1}^{n}(x_i-\overline{x})^2$$

与矩估计法的结论相同.

上面举的例子都是似然函数可导的情形,如果似然函数不可导,如何求似然函数的最大值呢?请看下面的例子.

例6 设 $x_1, x_2, \cdots, x_n$ 是均匀分布

$$f(x) = \begin{cases} \dfrac{1}{\beta}, & 0 \leqslant x \leqslant \beta \\ 0, & \text{其他} \end{cases}$$

的一个样本,求参数 β 的极大似然估计.

解 似然函数为

$$L(\beta; x_1, x_2, \cdots, x_n) = f(x_1; \beta) f(x_2; \beta) \cdots f(x_n; \beta)$$

$$= \begin{cases} \left(\dfrac{1}{\beta}\right)^n, & 0 \leqslant x_i \leqslant \beta, i=1,2,\cdots,n \\ 0, & \text{其他} \end{cases}$$

从似然函数 $L(\beta; x_1, x_2, \cdots, x_n)$ 与 β 的关系式可以看出,β 越小,$L(\beta; x_1, x_2, \cdots, x_n)$ 就越大,它的最大值在 β 可能取的最小值上达到,而 β 必须大于 $x_i (i=1,2,\cdots,n)$,因此 $L(\beta; x_1, x_2, \cdots, x_n)$ 的最大值点是 $\max\limits_{1 \leqslant i \leqslant n} x_i$,于是得到 β 的极大似然估计是

$$\hat{\beta} = \max_{1 \leqslant i \leqslant n} x_i$$

3.3.3 估计量的评价标准

前面我们介绍了求参数的点估计量的两种方法.对于同一个参数 θ,可以采用不同估计量去估计 θ.例如,可以用样本均值 $\bar{x} = \dfrac{1}{n}\sum\limits_{i=1}^{n} x_i$ 估计 μ,除此之外也可以用其他的估计量去估计 μ,比如说,也可以用 $\hat{\mu} = \sum\limits_{i=1}^{n} \alpha_i x_i$ 估计 μ,其中 α_i 满足 $\alpha_i \geqslant 0, i=1,2,\cdots,n$,且 $\sum\limits_{i=1}^{n} \alpha_i = 1$.那么这两个估计量哪一个比较好呢?我们总希望用一个最好的估计量估计未知参数.需要指出,所谓估计量的好坏,并不是指估计量的一次观测值而言的.因此对于某个样本,可能 $\bar{x}$ 比 $\hat{\mu}$ 更接近于 μ,但是对于另一个样本,$\hat{\mu}$ 可能比 $\bar{x}$ 更接近于 μ,所以估计的好坏是对估计量而言的.通常用无偏性和有效性两个标准评价估计量好坏.

1. 无偏性

定义 3.5 如果参数 θ 的估计量 $\hat{\theta}(x_1, x_2, \cdots, x_n)$ 满足

$$E(\hat{\theta}) = \theta$$

则称 $\hat{\theta}$ 为参数 θ 的**无偏估计量**.

例7 证明 $\hat{\mu}_2 = \sum\limits_{i=1}^{n} \alpha_i x_i \left(\alpha_i \geqslant 0, \ i=1,2,\cdots,n, \text{且} \sum\limits_{i=1}^{n} \alpha_i = 1\right)$ 是总体均值 μ 的无偏估计量.

证 因为 $E(\hat{\mu}_2) = E\left(\sum\limits_{i=1}^{n} \alpha_i x_i\right) = \sum\limits_{i=1}^{n} \alpha_i E x_i = \mu$,所以 $\hat{\mu}_2$ 是 μ 的无偏估计.

例8 设 $x_1, x_2, \cdots, x_n$ 是来自总体 X 的一个样本,证明:

(1)样本均值 $\overline{x} = \dfrac{1}{n}\sum\limits_{i=1}^{n} x_i$ 是总体均值 μ 的无偏估计;

(2)统计量 $s^2 = \dfrac{1}{n}\sum\limits_{i=1}^{n}(x_1 - \overline{x})^2$ 不是总体方差 σ^2 的无偏估计,而

$$\hat{\sigma}^2 = \frac{1}{n-1}\sum_{i=1}^{n}(x_i - \overline{x})^2 = \frac{n}{n-1}s^2$$

是 σ^2 的无偏估计.

证 (1)由于 $E(x_i) = \mu, i = 1, 2, \cdots, n$

所以
$$E(\overline{x}) = \frac{1}{n}E\left(\sum_{i=1}^{n} x_i\right) = \frac{1}{n}\sum_{i=1}^{n} E x_i = \mu$$

(2) $E(s^2) = E\left[\dfrac{1}{n}\sum\limits_{i=1}^{n}(x_i - \overline{x})^2\right]$

$= \dfrac{1}{n}E\left[\sum\limits_{i=1}^{n}(x_i - \mu + \mu - \overline{x})^2\right]$

$= \dfrac{1}{n}E\left[\sum\limits_{i=1}^{n}(x - \mu)^2 - 2\sum\limits_{i=1}^{n}(x_i - \mu)(\overline{x} - \mu) + n(\overline{x} - \mu)^2\right]$

$= \dfrac{1}{n}E\left[\sum\limits_{i=1}^{n}(x_i - \mu)^2 - n(\overline{x} - \mu)^2\right]$

$= \dfrac{1}{n}\left[\sum\limits_{i=1}^{n}E(x_i - \mu)^2 - E(\overline{x} - \mu)^2\right]$

$= \dfrac{1}{n}\sum\limits_{i=1}^{n}D(x_i) - D(\overline{x})$

$= \dfrac{1}{n}n\sigma^2 - \dfrac{\sigma^2}{n} = \dfrac{n-1}{n}\sigma^2$

$E(\hat{\sigma}^2) = E\left(\dfrac{n}{n-1}s^2\right) = \dfrac{n}{n-1} \cdot \dfrac{n-1}{n}\sigma^2 = \sigma^2$

注意:无偏性的要求并不是总能满足的,例如对正态总体,虽然 $\hat{\sigma} = \dfrac{1}{n-1}\sum\limits_{i=1}^{n}(x_i - \overline{x})^2$ 是 σ^2 的无偏估计,但是 $\sqrt{\dfrac{1}{n-1}\sum\limits_{i=1}^{n}(x_i - \overline{x})^2}$ 却不是总体标准差 σ 的无偏估计.

对参数的估计量要求具有无偏性是合理的,因为 $\hat{\theta}$ 是一个随机变量,$E(\hat{\theta})$ 是 $\hat{\theta}$ 的代表性的值,$E(\hat{\theta}) = \theta$ 就是要求 $\hat{\theta}$ 理论上的均值就是客观的 θ.但是,只根据无偏性来确定估计量是不够的,因为虽然 $E(\hat{\theta}) = \theta$,但是若 $D(\hat{\theta})$ 很大,即 $\hat{\theta}$ 对 θ 的偏离程度很大,那么这个估计量也不是好的.因此,对于 θ 的所有无偏估计量而言,方差越小越好,这就是有效性的要求.

2. 有效性

定义 3.6 若 θ_1, θ_2 都是 θ 的无偏估计,而且 $D(\theta_1) \leqslant D(\theta_2)$,则称 θ_1 比 θ_2 更有效.

我们已经知道:样本均值 $\hat{\mu}_1 = \bar{x} = \frac{1}{n}\sum_{i=1}^{n} x_i$ 与 $\hat{\mu}_2 = \sum_{i=1}^{n} \alpha_i x_i \left(\alpha_i \geqslant 0, i=1,2,\cdots,n, 且 \sum_{i=1}^{n} \alpha_i = 1\right)$ 都是总体均值 μ 的无偏估计量.验算它们的方差还可以知道 $\bar{x}$ 比 $\hat{\mu}_2$ 有效(略).

例 9 若总体 X 服从泊松分布

$$P(X=k) = \frac{e^{-\lambda}}{k!}\lambda^k \quad k=0,1,2,\cdots$$

对于容量为 $n(>2)$ 的样本 $x_1, x_2, \cdots, x_n$,证明 $\hat{\lambda}_1 = \bar{x}$ 比 $\hat{\lambda}_2 = (x_1+x_2)/2$ 有效.

证 因为 $E(x_i) = \lambda$,所以 $E(\hat{\lambda}_1) = \lambda, E(\hat{\lambda}_2) = \lambda$,即 $\hat{\lambda}_1$ 与 $\hat{\lambda}_2$ 都是 λ 的无偏估计.但是 $D(\hat{\lambda}_1) = \frac{\lambda}{n}, D(\hat{\lambda}_2) = \frac{\lambda}{2}$,所以 $\hat{\lambda}_1$ 与 $\hat{\lambda}_2$ 有效.

从上面两个评价估计量好坏的标准可知:方差最小的无偏估计是一个"最佳"的估计.可以证明:①频率 $\frac{k}{n}$ 是概率 p 的最小方差无偏估计;②若总体 X 服从正态分布 $N(\mu, \sigma^2)$,则 $\bar{x}$ 与 $\hat{\sigma}^2$ 分别是 μ 与 σ^2 的最小方差无偏估计量.

练习 3.3

1. 参数的点估计有哪两种常用的方法?各自的基本思想是什么?评价点估计量好坏的标准有哪些?

2. 设总体 X 服从二项分布 $B(n,p)$,n 为正整数,$0<p<1$,其中 n,p 均为未知参数,$x_1, x_2, \cdots, x_n$ 是从 X 中抽取的一个样本,试分别求 n,p 的矩估计.

3. 设 x_1, x_2, x_3 是正态总体 $N(\mu, \sigma^2)$ 的一个样本,其中 $\mu=0, \sigma^2$ 未知,求 x_1, x_2, x_3 的似然函数,并对 x_1, x_2, x_3 的一个样本 $2.1, 2.2, 2.0$ 估计 σ^2.

4. 设 $x_1, x_2, \cdots, x_n$ 来自指数分布

$$f(x;\lambda) = \begin{cases} \frac{1}{\theta} e^{-\frac{x}{\theta}}, & x \geqslant 0 \\ 0, & x < 0 \end{cases}$$

的样本,试分别用矩估计法和极大似然法求 θ 的估计量.

3.4 区间估计

用统计量的一个确定值 $\hat{\theta}$ 去估计未知参数 θ,给了 θ 一个近似值,这是很有用的,它给了人们一个明确的数量概念,但是它也有缺陷——没有给出这种近似的精确度,没有给出误差的范围,换句话说,这种点估计是没有多大把握的.譬如,对一个物体的长度重复测量 10 次,得平均

值 1.10 m,很自然用 1.10 m 估计真实长度 θ,实际上 θ 未必就是 1.10 m.但如果我们说 θ 在 1.10 m 附近,或者说 θ 在以 1.10 m 为中心的某一个小区间内,如设 θ 在[1.08,1.12](m)之内,把握就大一些,也就更合理些.这种用一个区间来估计参数的方法称为**区间估计**.下面我们主要介绍对正态总体的数学期望和方差的区间估计问题.

3.4.1 置信区间与置信度

先看一个例子.

例1 设 $x_1, x_2, \cdots, x_n$ 是物体长度 θ 的测量值,已知测量误差 $\varepsilon_i (i=1,2,\cdots,n)$ 是各自独立的,都遵从 $N(0,\sigma^2)$,其中 σ^2 是已知的常数,问以 99% 的把握可以断言长度的真值 θ 在什么范围内?

解 因为测量值 $x_i = \theta + \varepsilon_i$,根据期望和方差的性质,有
$$E(x_i) = \theta, D(x_i) = D(\varepsilon_i)$$
所以 $x_1, x_2, \cdots, x_n$ 是独立同分布的随机变量,即 $x_i \sim N(\theta, \sigma^2)$,于是 θ 的点估计量 $\bar{x} = \frac{1}{n} \sum_{i=1}^{n} x_i$ 就遵从正态分布 $N\left(\theta, \frac{\sigma^2}{n}\right)$.由正态分布的性质可知
$$\begin{cases} P\{|\bar{x} - \theta| \leqslant 2\sigma\} = 0.95 \\ P\{|\bar{x} - \theta| \leqslant 3\sigma\} = 0.99 \end{cases}$$
也即以 0.95 的概率断言不等式 $|\bar{x} - \theta| \leqslant 2\sigma$ 成立,此不等式就是 $\bar{x} - 2\sigma \leqslant \theta \leqslant \bar{x} + 2\sigma$ 或写成 $\theta \in [\bar{x} - 2\sigma, \bar{x} + 2\sigma]$.这样就获得了长度真值 θ 的一个估计区间,该区间称为置信度为 95% 的置信区间.当然,也可能碰上这个区间不包含真值 θ 偶然情况,出现这种偶然情况的概率有 5%(=1-95%).

完全类似,有 99% 的把握(概率)断言真值 $\theta \in [\bar{x} - 3\sigma, \bar{x} + 3\sigma]$

定义 3.7 设 $x_1, x_2, \cdots, x_n$ 是分布密度为 $f(x;\theta)$ 的一个样本,对给定的 $0 < \alpha < 1$,如能求得两个统计量 $\underline{\theta}(x_1, x_2, \cdots, x_n)$ 及 $\bar{\theta}(x_1, x_2, \cdots, x_n)$,使得
$$P\{\underline{\theta}(x_1, x_2, \cdots, x_n) \leqslant \theta \leqslant \bar{\theta}(x_1, x_2, \cdots, x_n)\} = 1 - \alpha \tag{3.4.1}$$
则称 $1-\alpha$ 为置信度,称区间 $[\underline{\theta}(x_1, x_2, \cdots, x_n), \bar{\theta}(x_1, x_2, \cdots, x_n)]$ 为参数 θ 的置信度为 $1-\alpha$ 的**置信区间**.置信度简称为**信度**,置信度为 $1-\alpha$ 的置信区间在不至于混淆时也简称为**置信区间**.

置信区间的含义是:在重复的随机抽样中,如果得到很多式(3.4.1)这样的区间,则其中的 $100(1-\alpha)\%$ 会含有真值 θ,而只有 $100\alpha\%$ 不包含真值 θ.从定义看出,置信区间是与一定的概率保证相对应的:概率大的相应的置信区间长度就长;概率相同时,测量精度越高(测量误差越小),相应的置信区间就越短.

总结例 1 的解题过程,可以归纳出求置信区间的步骤:

1)明确问题:明确要估计的参数.如例 1 中要估计的参数是 θ(总体的期望),确定置信度.

2) 用参数的点估计,导出估计量的分布.例 1 中用 θ 的估计量 $\bar{x}$,并已知 $\bar{x} \sim N\left(\theta, \dfrac{\sigma^2}{n}\right)$.

3) 利用估计量的分布给出置信区间.例 1 中利用 $\bar{x} \sim N\left(\theta, \dfrac{\sigma^2}{n}\right)$ 导出 $P\{|\bar{x}-\theta| \leqslant 2\sigma\} = 0.95$,于是 $\theta \in [\bar{x}-2\sigma, \bar{x}+2\sigma]$.

下面只对正态总体的期望和方差的区间估计问题进行讨论

3.4.2 数学期望的区间估计

对数学期望的区间估计分为两类情况:方差 σ^2 已知或未知.

1. 已知方差 σ^2,对期望 μ 进行区间估计

设 $x_1, x_2, \cdots, x_n$ 为总体 $N(\mu, \sigma^2)$ 的一个样本,其中 μ 未知,σ^2 已知,现要根据样本 $x_1, x_2, \cdots, x_n$,以置信度 $1-\alpha$ 估计未知参数 μ 的真值所在的区间.

由定理 3.2 知

样本均值
$$\bar{x} = \frac{1}{n}\sum_{i=1}^{n} x_i \sim N\left(\mu, \frac{\sigma^2}{n}\right)$$

因此样本函数
$$U = \frac{\bar{x}-\mu}{\sigma/\sqrt{n}} \sim N(0,1)$$

对于给定的置信度 $1-\alpha$,查正态分布数值表(附录 1),可以找出两个临界值 λ_1, λ_2,使得
$$P\{\lambda_1 \leqslant U \leqslant \lambda_2\} = 1-\alpha$$

满足上式的临界值 λ_1, λ_2 从附录 1 中可以找到无穷多组.为方便起见,我们一般总是取成对称区间 $[-\lambda, \lambda]$,即有
$$P\{-\lambda \leqslant U \leqslant \lambda\} = 1-\alpha$$

或写成
$$P\{|U| \leqslant \lambda\} = 1-\alpha$$

将正态分布数值表的构造(即图 3-8 中阴影部分)
$$\Phi(x) = \int_{-\infty}^{x} \frac{1}{\sqrt{2\pi}} e^{-\frac{t^2}{2}} dt \quad (x \geqslant 0)$$

与 $P\{|U| \leqslant \lambda\} = 1-\alpha$(即图 3-9 中阴影部分)比较,不难看出确定临界值 λ 的方法就是查表求出使 $\Phi(\lambda) = 1-\dfrac{\alpha}{2}$ 成立的 λ.从 $\Phi(\lambda) = 1-\dfrac{\alpha}{2}$ 中可以看出 $\lambda = z_{\frac{\alpha}{2}}$.

将 $U = \dfrac{\bar{x}-\mu}{\sigma/\sqrt{n}}$,$\lambda = z_{\frac{\alpha}{2}}$ 代入不等式
$$-\lambda \leqslant U \leqslant \lambda$$

得
$$-z_{\frac{\alpha}{2}} \leqslant \frac{\bar{x}-\mu}{\sigma/\sqrt{n}} \leqslant z_{\frac{\alpha}{2}}$$

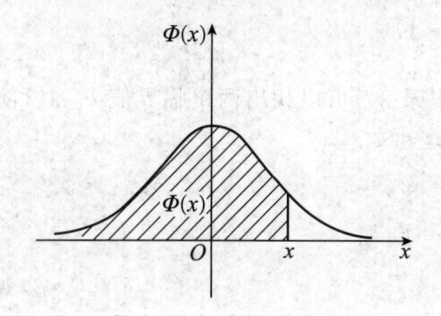

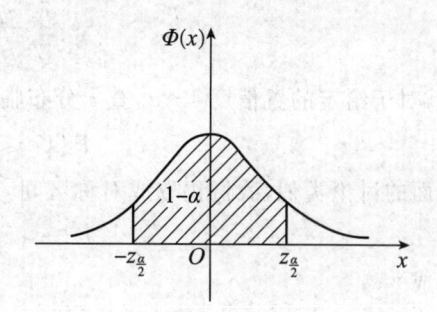

图 3-8 Φ(x)的几何意义　　　图 3-9 标准正态分布的临界值点

整理有

$$\overline{x} - z_{\frac{\alpha}{2}}\frac{\sigma}{\sqrt{n}} \leqslant \mu \leqslant \overline{x} + z_{\frac{\alpha}{2}}\frac{\sigma}{\sqrt{n}}$$

从而得到期望 μ 的置信度为 $1-\alpha$ 的置信区间为

$$\left[\overline{x} - z_{\frac{\alpha}{2}}\frac{\sigma}{\sqrt{n}}, \overline{x} + z_{\frac{\alpha}{2}}\frac{\sigma}{\sqrt{n}}\right]$$

这就是说,随机区间 $\left[\overline{x} - z_{\frac{\alpha}{2}}\frac{\sigma}{\sqrt{n}}, \overline{x} + z_{\frac{\alpha}{2}}\frac{\sigma}{\sqrt{n}}\right]$ 以 $1-\alpha$ 的概率包含 μ 的真值.

例 2　从正态总体 $N(\mu,4)$ 中抽取容量为 4 的样本,样本均值为 $\overline{x} = \frac{1}{n}\sum_{i=1}^{n}x_i = 13.2$,求 μ 的置信度为 0.95 的置信区间.

解　因为 $1-\alpha = 0.95$,所以 $\alpha = 0.05$,$\Phi(z_{\frac{\alpha}{2}}) = 1 - \alpha/2 = 0.975$,查正态分布数值表 $\Phi(1.96) = 0.975$,故 $z_{\frac{\alpha}{2}} = 1.96$,于是

$$\overline{x} - z_{\frac{\alpha}{2}}\frac{\sigma}{\sqrt{n}} = 13.2 - 1.96 \times \frac{4}{\sqrt{4}} = 0.28$$

$$\overline{x} + z_{\frac{\alpha}{2}}\frac{\sigma}{\sqrt{n}} = 13.2 + 1.96 \times \frac{16}{\sqrt{4}} = 17.12$$

即 μ 的置信度为 0.95 的置信区间是 $[9.28, 17.12]$.

2. 未知方差 σ^2,对期望 μ 进行区间估计

设 $x_1, x_2, \cdots, x_n$ 为总体 $N(\mu,\sigma^2)$ 的一个样本,其中 μ, σ^2 未知.现要根据样本 $x_1, x_2, \cdots, x_n$,以置信度 $1-\alpha$ 估计未知参数 μ 的真值所在的区间.

比照上述总体方差 σ^2 已知情形下选取的统计量:$U = \dfrac{\overline{x} - \mu}{\sigma/\sqrt{n}}$,在此用 σ^2 的无偏估计 $s^2 = \dfrac{1}{n-1}\sum_{i=1}^{n}(x_i - \overline{x})^2$(样本方差)来代替 σ^2,选取统计量 $t = \dfrac{\overline{x} - \mu}{s/\sqrt{n}}$.

由定理 3.3 知随机变量

$$\frac{\overline{x}-\mu}{s/\sqrt{n}} \sim t(n-1)$$

因此,对于给定的置信度 $1-\alpha$,查 t 分布临界值表(附录2),可以找出两个临界值 λ_1, λ_2,使得

$$P\{\lambda_1 \leqslant t \leqslant \lambda_2\} = 1-\alpha$$

与前面的讨论类似,我们仍取成对称区间 $[-\lambda, \lambda]$,使得

$$P\{-\lambda \leqslant t \leqslant \lambda\} = 1-\alpha$$

或写成

$$P\{|t| \leqslant \lambda\} = 1-\alpha$$

将 t 分布临界值表的构造(即图 3-10 中阴影部分)

$$P\{|t| > \lambda\} = \alpha$$

与 $P\{|t| \leqslant \lambda\} = 1-\alpha$ (即图 3-11 中阴影部分)比较,不难看出确定临界值 λ 的方法就是查 $t(n-1, \alpha)$ 表求出使 $P\{|t| > \lambda\} = \alpha$ 成立的 λ.

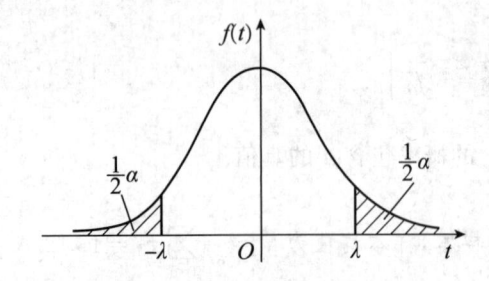

图 3-10 t 分布的临界值点

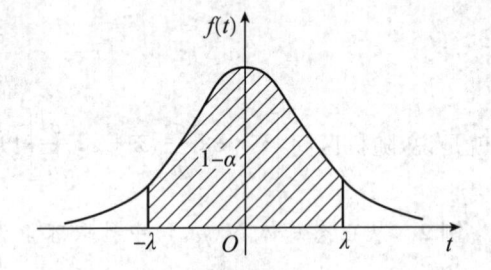

图 3-11 t 分布临界值 λ 与 α 的关系

确定 λ 值后把它代入不等式

$$-\lambda \leqslant t \leqslant \lambda$$

即

$$-\lambda \leqslant \frac{\overline{x}-\mu}{s/\sqrt{n}} \leqslant \lambda$$

整理有

$$\overline{x} - \lambda \frac{s}{\sqrt{n}} \leqslant \mu \leqslant \overline{x} + \lambda \frac{s}{\sqrt{n}}$$

从而得到期望 μ 的置信度为 $1-\alpha$ 的置信区间为

$$\left[\overline{x} - \lambda \frac{s}{\sqrt{n}}, \overline{x} + \lambda \frac{s}{\sqrt{n}}\right]$$

这就是说,随机区间 $\left[\overline{x} - \lambda \frac{s}{\sqrt{n}}, \overline{x} + \lambda \frac{s}{\sqrt{n}}\right]$ 以 $1-\alpha$ 的概率包含 μ 的真值.

例 3 用某仪器测量温度,重复 5 次,得 1 250 ℃,1 265 ℃,1 245 ℃,1 275 ℃,1 260 ℃.若测得的数据服从正态分布,试求温度真值所在的范围?($\alpha = 0.05$)

解 在总体方差未知的情况下,总体均值 μ(温度真值)的置信区间是

$$\left[\overline{x}-\lambda\frac{s}{\sqrt{n}},\overline{x}+\lambda\frac{s}{\sqrt{n}}\right]$$

查 t 分布表可知
$$\lambda=t(4,0.05)=2.776$$

计算知
$$\overline{x}=\frac{1}{n}\sum_{i=1}^{n}x_i=1\,259$$

$$s^2=\frac{1}{n-1}\sum_{i=1}^{n}(x_i-\overline{x})^2=142.5$$

所以
$$\lambda\frac{5}{\sqrt{n}}=2.776\times\sqrt{\frac{142.5}{5}}=14.8$$

$$\overline{x}-\lambda\frac{s}{\sqrt{n}}=1\,259-14.8=1\,244.2$$

$$\overline{x}+\lambda\frac{s}{\sqrt{n}}=1\,259+14.8=1\,273.8$$

故温度真值的置信度为 0.95 的置信区间是 $[1\,244.2,1\,273.8]$.

3.4.3 方差 σ^2 的区间估计

设 $x_1,x_2,\cdots,x_n$ 为总体 $N(\mu,\sigma^2)$ 的一个样本,其中 σ^2 未知,现要根据样本 $x_1,x_2,\cdots,x_n$,以置信度 $1-\alpha$ 估计未知参数 σ^2 的真值所在的区间.

由定理 3.2 知

样本函数
$$\chi^2=\frac{(n-1)s^2}{\sigma^2}\sim\chi^2(n-1)$$

对于给定的置信度 $1-\alpha$,查 χ^2 分布临界值表(附表 3),可以找出两个临界值 λ_1,λ_2,使得
$$P\{\lambda_1\leqslant\mu\leqslant\lambda_2\}=1-\alpha$$
满足上式的临界值 λ_1,λ_2 从附录 3 中可以找到无穷多组.由于 χ^2 分布不具有对称性,因此为方便起见,通常采用使得概率对称的区间,即
$$P\{\chi^2<\lambda_1\}=P\{\chi^2>\lambda_2\}=\frac{\alpha}{2}$$

于是有
$$P\left\{\lambda_1\leqslant\frac{(n-1)s^2}{\sigma^2}\leqslant\lambda_2\right\}=1-\alpha$$

将 χ^2 分布临界值表的构造(即图 3-12 中阴影部分)
$$P\{\chi^2>\chi_\alpha^2\}=\alpha$$

与 $P\{\lambda_1\leqslant\chi^2\leqslant\lambda_2\}=1-\alpha$(即图 3-13 中阴影部分)比较,可以看出确定临界值的方法就是查

$\chi^2\left(n-1, \dfrac{\alpha}{2}\right)$ 表找出 λ_2，查 $\chi^2\left(n-1, 1-\dfrac{\alpha}{2}\right)$ 表找出 λ_1，其中 n 是样本容量，$n-1$ 是 χ^2 分布表中的自由度.

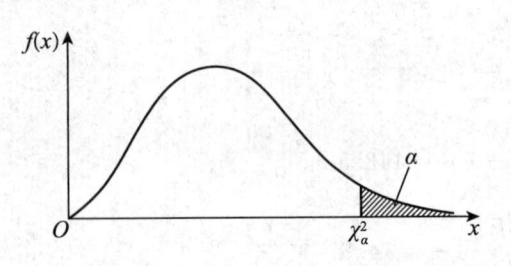

图 3-12 χ^2 分布的临界值点

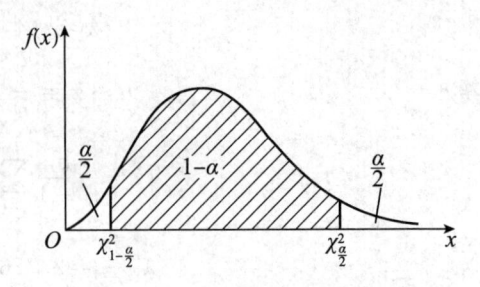

图 3-13 χ^2 分布的临界值与 α 的关系

这样把 λ_1, λ_2 代入不等式

$$\lambda_1 \leqslant \frac{(n-1)s^2}{\sigma^2} \leqslant \lambda_2$$

于是有

$$\frac{(n-1)s^2}{\lambda_2} \leqslant \sigma^2 \leqslant \frac{(n-1)s^2}{\lambda_1}$$

将 $\lambda_2 = \chi^2_{\frac{\alpha}{2}}(n-1)$ 和 $\lambda_1 = \chi^2_{1-\frac{\alpha}{2}}(n-1)$ 代入上式，即得正态总体 $N(\mu, \sigma^2)$ 的方差 σ^2 的置信度为 $1-\alpha$ 的置信区间为

$$\left[\frac{(n-1)s^2}{\chi^2_{\alpha/2}(n-1)}, \frac{(n-1)s^2}{\chi^2_{1-\alpha/2}(n-1)}\right]$$

例 4 求例 2 中总体标准差 σ 的置信度为 0.95 的置信区间.

解 σ 的置信区间为

$$\left(\sqrt{\frac{(n-1)s^2}{\chi^2_{\alpha/2}(n-1)}}, \sqrt{\frac{(n-1)s^2}{\chi^2_{1-\alpha/2}(n-1)}}\right)$$

查表可知

$$\chi^2_{\alpha/2}(n-1) = \chi^2_{0.025}(4) = 11.143$$
$$\chi^2_{1-\alpha/2}(n-1) = \chi^2_{0.975}(4) = 0.488$$

已知 $\alpha = 0.05$，例 2 已计算出 $s^2 = 142.5$，故

$$\sqrt{\frac{(n-1)s^2}{\chi^2_{\alpha/2}(n-1)}} = \sqrt{\frac{4 \times 142.5}{11.143}} = 7.2$$

$$\sqrt{\frac{(n-1)s^2}{\chi^2_{1-\alpha/2}(n-1)}} = \sqrt{\frac{4 \times 142.5}{0.488}} = 34.2$$

于是总体标准差 σ 的置信度为 0.95 的置信区间是 $[7.2, 34.2]$.

练习 3.4

1. 参数 θ 的置信度为 $1-\alpha$ 的置信区间 $[\theta_1, \theta_2]$ 的含义是什么？

2. 对于容量为 20 的样本,统计量 T 的置信区间的长度小于 σ(标准差)的概率是什么?

3. 测两点之间的直线距离 5 次,测得距离的值为

    108.5 m 109.0 m 110.0 m 110.5 m 112.0 m

(1) 如果测量值可以认为是服从正态分布 $N(\mu,\sigma^2)$ 的,求 μ 与 σ^2 的估计值;

(2) 假定 σ^2 的值是 2.5,求 μ 的置信度为 0.95 的置信区间.

4. 为确定某种液体的浓度,取 4 个独立的测定值,其平均值 $\bar{x}=8.38\%$,样本标准差 $s=0.03\%$,设被测总体近似地服从正态分布 $N(\mu,\sigma^2)$,求总体均值 μ 的置信度为 95% 的置信区间.

5. 从一批钉子中随机地抽取 16 枚,测得其长度(单位:cm)为

    2.14,2.10,2.13,2.15,2.13,2.12,2.13,2.10

    2.15,2.12,2.14,2.10,2.13,2.11,2.14,2.11

设钉长服从正态分布 $N(\mu,\sigma^2)$,试就(1)已知 $\sigma=0.1$ cm,(2) σ 未知,两种情况分别求总体均值 μ 的 90% 的置信区间.

3.5 假设检验

3.5.1 假设检验问题

1. 假设检验的概念

假设检验是统计推断中的另一类重要问题.它从样本出发,对关于总体情况的某一命题是否成立做出定性的回答.比如判断产品是否合格,分布是否为某一已知分布,方差是否相等,等等.在统计中,我们称待考察的命题为**假设**,根据样本去判断假设是否成立,称为**假设检验**.

下面通过一个例子介绍假设检验的基本思想和基本方法.

例 1 某工厂生产一种零件,零件的标准长度为 $\mu_0=2$ cm,根据过去大量生产的零件数据算出标准差 $\sigma_0=0.05$ cm,现在为了提高产量,采用一种新工艺生产,抽取新工艺加工的零件 10 个,测其长度的平均值是 $\bar{x}=1.980$ cm,问 $\bar{x}$ 与 μ_0 之间的差异,纯粹是试验或测试的误差造成的,还是由于工艺条件的改变而造成的?

由工艺条件的改变所引起的误差称为**条件误差**;由生产过程中受偶然因素的影响,以及对产品测量的不准确所造成的误差称为**随机误差**,这种误差即使在同一工艺条件下也是不可避免的.于是问题变成:$\bar{x}$ 与 μ_0 之间的差异是由条件误差引起的还是由随机误差引起的?

用 μ_0 表示原工艺生产的零件长度 X 的数学期望,μ 表示新工艺生产的零件长度的数学期望(未知),假设工艺的改变对零件长度没有显著影响,也就是 $\bar{x}$ 与 μ_0 的误差纯粹是随机误差,不存在条件误差,那么从理论上讲命题 $H_0:\mu=\mu_0$ 应该是成立的.

现在要根据实测的 10 个样本数据来判断这个命题是否成立,命题 $H_0:\mu=\mu_0$ 称为**零假**

设(或原假设),是待检验的假设,它的对立命题 $\mu \neq \mu_0$ 称为**对立假设**(或**备择假设**),记作 $H_1: \mu \neq \mu_0$. 一般地可表述为

$$H_0: \mu = \mu_0, H_1: \mu \neq \mu_0 \tag{3.5.1}$$

可以想到,如果零假设 $H_0: \mu = \mu_0$ 成立,那么 μ 的估计值 $\bar{x}$ 与 μ_0 的绝对差值 $|\bar{x} - \mu_0|$ 应较小,一旦 $|\bar{x} - \mu_0|$ "太大"了,就应拒绝 H_0,应认为零假设 $H_0: \mu = \mu_0$ 不成立. 但是 $|\bar{x} - \mu_0|$ 的值究竟大到什么程度才算是"太大"了呢?这就需要有一个标准,我们可确定一个适当的常数 u:当 $|\bar{x} - \mu_0| > u$ 时,就否定 H_0;当 $|\bar{x} - \mu_0| \leqslant u$ 时,就接受 H_0. 拒绝假设 H_0 的区域称为检验的**拒绝域**(如 $|\bar{x} - \mu_0| > u$),拒绝域的边界值称为**临界值**.

如何确定 u 值呢?我们知道,如果假设 H_0 成立,则事件 $|\bar{x} - \mu_0| > u$ 发生的概率应该是很小的,即

$$P\{|\bar{x} - \mu_0| > u\} = \alpha \tag{3.5.2}$$

α 的值很小,称为**显著性水平**,可根据问题事先假定,如取 $\alpha = 0.05$(或 $\alpha = 0.01$). 式(3.5.2)表示事件 $|\bar{x} - \mu_0| > u$ 是一个小概率事件,假设检验依据的原理就是"小概率事件在一次试验中实际上是不可能发生的",一旦发生了,我们就有理由怀疑原假设 $H_0: \mu = \mu_0$ 不成立.

本例已知总体 $X \sim N(\mu, \sigma_0^2)$,若假设 $H_0: \mu = \mu_0$ 成立,则

$$U = \frac{\bar{x} - \mu_0}{\sigma_0/\sqrt{n}} \sim N(0, 1)$$

于是式(3.5.2)化为

$$P\{|\bar{x} - \mu_0| > u\} = P\left\{\left|\frac{\bar{x} - \mu_0}{\sigma_0/\sqrt{n}}\right| > \frac{u}{\sigma_0/\sqrt{n}}\right\}$$

$$= P\left\{|U| > \frac{u}{\sigma_0/\sqrt{n}}\right\} = \alpha$$

因此有

$$P\left\{|U| \leqslant \frac{u}{\sigma_0/\sqrt{n}}\right\} = P\{|U| \leqslant \lambda\} = 1 - \alpha \tag{3.5.3}$$

成立,其中临界值 λ 通过查正态分布数值表得到,即

$$\Phi(\lambda) = 1 - \frac{\alpha}{2}, \lambda = z_{\frac{\alpha}{2}}(\text{图 } 3-14).$$

通过已知条件计算 $U = \frac{\bar{x} - \mu_0}{\sigma_0/\sqrt{n}}$. 在本例中 $\bar{x} = 1.980, \mu_0 = 2, \sigma_0 = 0.05, n = 10$,则

$$|U| = \left|\frac{\bar{x} - \mu_0}{\sigma_0/\sqrt{n}}\right| = \left|\frac{1.990 - 2}{0.05/\sqrt{10}}\right| = 1.265$$

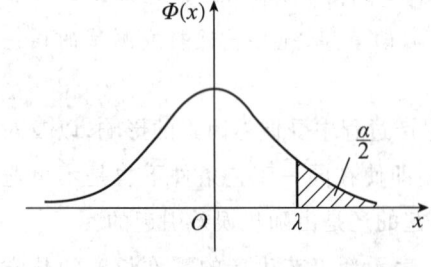

图 3-14 标准正态分布的单侧临界值点

查正态分布表,$\alpha = 0.05$,得 $\lambda = 1.96$. 因为 $|U| < \lambda = 1.96$,说明式(3.5.3)是满足的. 式(3.5.3)的概率意义是:没有理由怀疑假设 $H_0: \mu = 2$ 不成立,即零假设 $H_0: \mu = 2$ 成立,新工艺没有

改变生产条件,这样就回答了开始提出的问题.

2. 小概率原理

假设检验依据的基本思想就是小概率原理.

"小概率事件在一次试验中实际上是不可能发生的",这个原理称为**小概率原理**,它在实际中经常被人们自觉不自觉地用到.例如,人们每天可以放心地在房间里居住,是因为"楼房坍塌"是一个小概率事件;购买名牌产品,是因为人们认为名牌产品出现次品的概率很小.当然小概率事件并不是不可能事件,它是有可能发生的,只不过发生的概率很小,人们就认为它在一次试验中不可能发生,而在一次试验中就发生的事件很难让人相信是小概率事件.例如,售货员告诉你,某品牌的灯泡质量很好,使用寿命至少在 1 000 小时以上,你买了一个使用,结果用了不到两天就坏了,你一定开始怀疑灯泡的质量,换一个再用,结果不到一天又坏了,那么你一定不会再买这种灯泡了.算一算可知:假定"灯泡质量好"一般是指合格率在 98% 以上,那么连续两次抽取都为次品的概率应为 $(1-98\%)^2 = 0.000\ 4$,这是一个非常非常小的小概率事件,竟在一次试验中出现了,说明原来的假设是值得怀疑的,你一定不相信这个假设.

假设检验依据的就是小概率原理:如果在一次试验中,小概率事件没有发生,则接受零假设 H_0;否则,就拒绝零假设 H_0.那么概率 α 一般取值多少为"小"呢? α 的选定是人们对小概率事件小到什么程度的一种抉择, α 越小,统计量的值超过临界值的概率就越小,也就是说在 H_0 成立时,这一事件很不容易发生.因此一旦这一事件发生了,人们就有理由怀疑 H_0 的正确性.所以 α 越小,显著性水平就越高,所谓显著性是指实际情况与 H_0 的判断之间存在差异的程度.所以有些书上也把假设检验称为显著性检验,就是通过样本值来检验实际情况与 H_0 的结论是否有显著的差异.人们根据长期的实际经验,一般 α 选用 0.05, 0.01, 0.001 或 0.10.

3. 显著性水平 α 的统计意义

我们知道,要检验假设 H_0 是否正确,是根据一次试验得到的样本作出的判断,因此无论拒绝 H_0 还是接受 H_0,都要承担风险.

假设 H_0 本来是真的,因为一次抽样,发生小概率事件,而拒绝 H_0,这就犯了所谓的**"弃真"错误**(又称**第一类错误**),犯这种错误的概率记作 α,即

$$P\{拒绝\ H_0 | H_0\ 为真\} = \alpha$$

我们自然希望把 α 取得比较小,把它控制在一定限度以内,例如取 $\alpha = 0.05$ 或 0.01 等,使得犯这种错误成为一个小概率事件,且遵从小概率原理.同样,假如 H_0 本来是假的,因为一次抽样没有发生小概率事件,而接受 H_0,这就犯了所谓的**"存伪错误"**(或称**第二类错误**),犯这种错误的概率记作 β,即

$$P\{接受\ H_0 | H_0\ 为伪\} = \beta$$

我们当然也希望 β 较小.但实际上,在一定的样本容量条件下,要同时减少 α 和 β 是不可能的,减少其中一个,另一个往往就会增大.例如,减少 α,拒绝域变小,当 H_1 为真时,由于本来有显著差异的样本点没有落入拒绝域,则可能把它当成没有显著差异的样本点而接受了.在实际问

题中,通常总是预先固定 α,通过增加样本容量 n 来减小 β.关于两类错误的理论论述可参阅其他书籍,在此不再赘述了.

4. 假设检验的步骤

总结上面例子的分析过程,可以得到进行假设检验的步骤:

(1)提出假设

根据研究的问题,提出零假设 H_0(待检验的命题)和备择假设 H_1(对立命题).如例1中的问题表述为 $H_0: \mu = \mu_0, H_1: \mu \neq \mu_0$.

有时,我们关心的是总体均值是否增大(或减小),这时要检验的假设是

$$H_0: \mu = \mu_0, H_1: \mu > \mu_0 (\text{或 } H_1: \mu < \mu_0)$$

这种假设检验称为**单边检验**,而形如例1的检验称为**双边检验**.

(2)确定检验 H_0 的统计量

根据所研究问题的性质、已知条件及零假设 H_0 构造一个合适的统计量,如例1中,构造统计量 $U = \dfrac{\bar{x} - \mu_0}{\sigma_0/\sqrt{n}}$.在假设检验中,构造的待检验的统计量也称为**检验量**.

(3)确定显著性水平 α,求临界值

根据问题的要求,确定 α,一般 $\alpha = 0.05$(或 0.01).求出在 H_0 成立的条件下,满足

$$P(|U| \leqslant \lambda) = 1 - \alpha$$

的临界值 λ,查正态分布数值表 $\Phi(\lambda) = 1 - \dfrac{\alpha}{2}$ 得到 λ.

(4)计算检验量的值并判断

根据样本值和检验所用的统计量 U,计算检验量的值 U_0,并将 U_0 与临界值 λ 比较,若 $|U_0| > \lambda$,则判断 H_0 不成立,拒绝 H_0,而接受 H_1;若 $|U_0| < \lambda$,就没有理由怀疑 H_0 的正确性,即接受 H_0,也常称为 H_0 相容.

3.5.2 正态总体的假设检验问题

1. U 检验法

设 $x_1, x_2, \cdots, x_n$ 是正态总体 $X \sim N(\mu, \sigma^2)$ 的一个样本,其中 μ 未知,$\sigma^2 = \sigma_0^2$ 已知.用 $x_1, x_2, \cdots, x_n$ 检验假设 $H_0: \mu = \mu_0$(μ_0 是已知数),$H_1: \mu \neq \mu_0$.当 H_0 成立时,有

$$U = \dfrac{\bar{x} - \mu_0}{\sigma_0/\sqrt{n}} \sim N(0,1)$$

对给定的显著水平 α,查标准正态分布数值表,得临界值 λ,使得 $\Phi(\lambda) = 1 - \dfrac{\alpha}{2}$,由此知 $\lambda = z_{\frac{\alpha}{2}}$.因为 $P(|U| > z_{\frac{\alpha}{2}}) = \alpha$,由样本 $x_1, x_2, \cdots, x_n$ 计算检验量 U 的值 U_0:如果 $|U_0| > z_{\frac{\alpha}{2}}$,则拒绝 H_0,而接受 H_1;否则接受 $H_0: \mu = \mu_0$,或称 H_0 相容.也就是说

H_0 的拒绝域是 $(-\infty, -z_{\frac{\alpha}{2}}) \cup (z_{\frac{\alpha}{2}}, +\infty)$；

H_0 的相容域是 $(-z_{\frac{\alpha}{2}}, z_{\frac{\alpha}{2}})$.

此法因检验量常用 U 来表示，故习惯上称为 **U 检验法**.

例 2 已知某炼铁厂的铁水含碳量在正常情况下遵从正态分布 $N(4.55, 0.110^2)$，现测了九炉铁水，其含碳量分别为

$$4.27 \quad 4.32 \quad 4.52 \quad 4.44 \quad 4.51 \quad 4.55 \quad 4.35 \quad 4.28 \quad 4.45$$

如果标准差没有改变，总体均值是否有显著变化？

解 作假设 $H_0: \mu = 4.55; H_1: \mu \neq 4.55$

计算样本均值 $\bar{x} = 4.41$

由于方差没有改变，故已知 $\sigma_0^2 = (0.110)^2$，选统计量 $U = \dfrac{\bar{x} - \mu_0}{\sigma_0/\sqrt{n}}$，计算检验量值

$$U = \frac{4.41 - 4.55}{0.110/\sqrt{9}} \approx -3.82$$

选显著性水平 $\alpha = 0.05$，查正态分布数值表得临界值 $\lambda = 1.96$. 因为 $|U| = 3.82 > 1.96$，说明在一次抽样试验中发生了小概率事件，这是不合理的，所以应拒绝 $H_0: \mu = 4.55$，即含碳量与原来相比有显著差异.

例 3 汽车轮胎厂制造的轮胎使用寿命服从均值为 $\mu = 50\,000$ km，标准差为 $\sigma = 4\,000$ km 的正态分布. 现在改变配方，重新生产一种轮胎，若随机抽出 16 个轮胎进行检验，得其平均数为 $52\,000$ km，假设标准差没有改变，那么新产品的寿命比以旧产品的寿命是否明显增长？

解 由于我们只关心轮胎的使用寿命是否超过 $50\,000$ km，所以假设检验是单侧的.

作假设 $H_0: \mu = 50\,000; H_1: \mu > 50\,000$

由于方差没有改变，故已知 $\sigma = 4\,000$，选统计量 $U = \dfrac{\bar{x} - \mu_0}{\sigma_0/\sqrt{n}}$，计算检验量值

$$U = \frac{52\,000 - 50\,000}{4\,000/\sqrt{16}} = 2$$

选显著性水平 $\alpha = 0.05$，因为是单侧检验，因此 $P(U > \lambda) = \alpha$，即 $\Phi(\lambda) = 1 - \alpha$. 查正态分布数值表得临界值 $\lambda = 1.65$，现在 $U = 2 > 1.65$，说明在一次抽样试验中发生了小概率事件，应拒绝 $H_0: \mu = 50\,000$，即新产品的使用寿命明显大于旧产品.

*U 检验法还可用来比较两个正态总体的均值是否相等.

设样本 $x_1, \cdots, x_{n_x}$ 来自正态总体 $X \sim N(\mu_x, \sigma_x^2)$，样本 $y_1, \cdots, y_{n_y}$ 来自正态总体 $Y \sim N(\mu_y, \sigma_y^2)$，且 X 与 Y 相互独立，则统计量 $\bar{x}$ 和 $\bar{y}$ 彼此独立，$\bar{x} - \bar{y}$ 遵从均值为 $\mu_{\bar{x}-\bar{y}} = \mu_{\bar{x}} - \mu_{\bar{y}}$，均方差为 $\sigma_{\bar{x}-\bar{y}} = \sqrt{\dfrac{\sigma_{\bar{x}}^2}{n_x} + \dfrac{\sigma_{\bar{y}}^2}{n_y}}$ 的正态分布.

例 4 某单位欲购买一批灯泡，从两个品牌的产品中各取 50 个测试平均寿命，甲的平均寿命为 1 282 小时，乙的平均寿命为 1 231 小时，寿命的均方差甲为 80 小时，乙为 94 小时，已

知灯泡的寿命服从正态分布,问能否判断两个品牌的灯泡在质量上存在差别($\alpha=0.01$)?

解 作假设 $H_0: \mu_{\overline{x}}=\mu_{\overline{y}}; H_1: \mu_{\overline{x}} \neq \mu_{\overline{y}}$

由上述结论知 $\overline{x}-\overline{y}$ 服从均值为 $\mu_{\overline{x}-\overline{y}}=\mu_{\overline{x}}-\mu_{\overline{y}}$,均方差为 $\sigma_{\overline{x}-\overline{y}}=\sqrt{\dfrac{\sigma_{\overline{x}}^2}{n_x}+\dfrac{\sigma_{\overline{y}}^2}{n_y}}$ 的正态分布,因 $\sigma_{\overline{x}}^2$ 和 $\sigma_{\overline{y}}^2$ 未知,但样本容量较大,可用样本方差来近似估计它们,即 $\sigma_{\overline{x}}^2=80^2, \sigma_{\overline{y}}^2=94^2$,又因为在 $H_0: \mu_{\overline{x}}=\mu_{\overline{y}}$ 成立时,$\mu_{\overline{x}-\overline{y}}=\mu_{\overline{x}}-\mu_{\overline{y}}=0$,故

$$\mu_{\overline{x}-\overline{y}}=\sqrt{\dfrac{80^2}{50}+\dfrac{94^2}{50}}=17.5$$

计算检验量 $U=\dfrac{(\overline{x}-\overline{y})-\mu_{\overline{x}}-\mu_{\overline{y}}}{\sigma_{\overline{x}-\overline{y}}}=\dfrac{1.282-1.231-0}{17.5}=2.91 \alpha=0.01$,查正态概率分布数值表,$z_{\frac{\alpha}{2}}=2.58$.因为 $|U|=2.91>2.58$,故拒绝 $H_0: \mu_{\overline{x}}=\mu_{\overline{y}}$,可以断定 $\mu_{\overline{x}}>\mu_{\overline{y}}$,即甲品牌的灯泡质量优于乙品牌.

2. t 检验法

设 $X \sim N(\mu,\sigma^2)$,μ,σ^2 都是未知常数,$x_1,x_2,\cdots,x_n$ 是总体 X 的一个样本,零假设 $H_0: \mu=\mu_0, H_1: \mu \neq \mu_0$.此时总体方差 σ^2 未知,很自然的想法是用样本方差 $s^2=\dfrac{1}{n-1}\sum_{i=1}^{n}(x_i-\overline{x})^2$ 代替 σ^2(s^2 是 σ^2 的无偏估计),当 H_0 成立时,构造统计量 $T=\dfrac{\overline{x}-\mu_0}{s/\sqrt{n}}$,根据定理 3.3 知统计量 T 服从自由度为 $n-1$ 的 t 分布,于是对于给定的 α,由 t 分布的临界值表可查得临界值 $t_\alpha: P(|T|>t_\alpha)=\alpha$.根据样本值算出检验量 T 的值,将 $|T|$ 与 t_α 比较,以检验假设 $H_0: \mu=\mu_0$ 是否成立:当 $|T|>t_\alpha$ 时,拒绝 H_0;当 $|T| \leqslant t_\alpha$ 时,接受 H_0.即

当 σ^2 未知时,$H_0: \mu=\mu_0$ 的拒绝域是 $(-\infty,-t_\alpha) \cup (t_\alpha,+\infty)$;

$$H_0: \mu=\mu_0 \text{ 的接受域是}(-t_\alpha,t_\alpha);$$

这个检验法称为 t 检验法

例 5 由于工业排水引起附近水质污染,测得鱼的蛋白质中含汞的浓度为(单位:mg/kg)

0.37　0.266　0.135　0.095　0.101
0.213　0.228　0.167　0.766　0.054

从过去大量的资料判断,鱼的蛋白质中含汞的浓度服从正态分布,并且从工艺过程分析可以推算出理论上的浓度应为 0.1,从这组数据来看,实测值与理论值是否符合?

解 作假设 $H_0: \mu=0.1; H_1: \mu \neq 0.1$

由于总体方差 σ^2 未知,故选用统计量 $T=\dfrac{\overline{x}-\mu_0}{s/\sqrt{n}}$,由已知条件可知 $\mu_0=0.1, n=10$.通过计算可知样本的均值是 $\overline{x}=0.206\ 2$,方差是

$$s^2 = \frac{1}{10-1}\sum_{i=1}^{10}(x_i-\overline{x})^2$$
$$= \frac{1}{10-1}[(0.37-0.206\,2)^2+(0.266-0.206\,2)^2+\cdots+(0.054-0.206\,2)^2]$$
$$= 0.059\,4$$

计算检验量
$$T = \frac{\overline{x}-\mu_0}{s/\sqrt{n}} = \frac{0.206-0.10}{\sqrt{0.059\,4/10}} \approx 1.375$$

选显著性水平 $\alpha=0.05$，查 t 分布临界值表(自由度是 9)得临界值 $t_{0.05}=2.262$，现在 $|T|=1.375<t_{0.05}=2.262$，故应接受 $H_0: \mu=0.1$，即实测值与理论值是相等的.

*t 检验法还可以应用于比较两个带有未知方差，但方差相等的正态总体的均值是否相等的问题.

设 $X \sim N(\mu_1,\sigma_1^2), Y \sim N(\mu_2,\sigma_2^2), \sigma_1^2=\sigma_2^2$，检验假设 $H_0: \mu_1=\mu_2$.

若 $x_1,x_2,\cdots,x_n$ 是总体 X 的一个样本，$y_1,y_2,\cdots,y_n$ 是总体 Y 的一个样本，则统计量
$$T = (\overline{x}-\overline{y})/\sqrt{(s_1^2+s_2^2)/n}$$

在假设 H_0 成立时服从自由度为 $(2n-2)$ 的 t 分布. 对于给定的 α，查 t 分布表得临界值 $t_\alpha: P(|T|>t_\alpha)=\alpha$. 若 $|T|>t_\alpha$，则拒绝 H_0；若 $|T| \leqslant t_\alpha$，则接受 H_0.

例 6 为考察温度对某物体断裂强力的影响，在 70 ℃ 和 80 ℃ 下分别重复做了 8 次试验，得断裂强力的数据如表 3-1 所示(单位:kg).

表 3-1 断裂强力数据

| 70 ℃ | 20.5 | 18.8 | 19.8 | 20.9 | 21.5 | 19.5 | 21.0 | 21.2 |
| 80 ℃ | 17.7 | 20.3 | 20.0 | 18.8 | 19.0 | 20.1 | 20.2 | 19.1 |

假定 70 ℃ 下的断裂强力用 X 表示，且服从 $N(\mu_1,\sigma_1^2)$，80 ℃ 下的断裂强力用 Y 表示，且服从 $N(\mu_2,\sigma_2^2)$，若 $\sigma_1^2=\sigma_2^2$，问 70 ℃ 下的断裂强力与 80 ℃ 下的断裂强力有无差别？

解 作假设 $H_0: \mu_1=\mu_2$，据样本计算出 $\overline{x}=20.4, \overline{y}=19.4$
$$\sum_{i=1}^{8}(x_i-\overline{x})^2=6.20, \sum_{i=1}^{8}(y_i-\overline{y})^2=5.80$$

于是检验量
$$T = \frac{20.4-19.4}{\sqrt{(6.20+5.80)/(8\times 7)}} = 2.161$$

对于 $\alpha=0.05$，查自由度为 $2n-2=14$ 的 t 分布数值表，得到满足 $P(|T|>t_\alpha)=\alpha$ 的临界值 $t_{0.05}=2.145$. 由于 $|T|>t_{0.05}$，故拒绝 H_0，即认为 70 ℃ 下的断裂强力比 80 ℃ 下的断裂强力明显增大.

3. χ^2 检验法

设 $X \sim N(\mu, \sigma^2)$，μ 未知，$x_1, x_2, \cdots, x_n$ 是总体 X 的个样本，零假设 $H_0: \sigma^2 = \sigma_0^2$ (σ_0^2 已知).

假设 $H_0: \sigma^2 = \sigma_0^2$ 成立，$H_1: \sigma^2 \neq \sigma_0^2$，用 σ^2 的无偏估计量 $s^2 = \dfrac{1}{n-1}\sum_{i=1}^{n}(x_i - \overline{x})^2$ 与 σ_0^2 比较，若比值 s^2/σ_0^2 接近于 1，由于 s^2 是 σ^2 的最好近似值，说明 σ^2 与 σ_0^2 近似相等，H_0 成立；否则，就否定 H_0. 如何刻画比值 s^2/σ_0^2 不接近于 1 呢？构造统计量

$$\chi^2 = \frac{s^2}{\sigma_0^2/(n-1)}$$

由定理 3.3 知 $\chi^2 = \sum_{i=1}^{n}(x_i - \overline{x})^2/\sigma_0^2 \sim \chi^2(n-1)$，我们用比值 $\dfrac{s^2}{\sigma_0^2/(n-1)}$ 替代 $\dfrac{s^2}{\sigma_0^2}$ 作判断. 因 χ^2 分布的图形不对称，对于给定的 α，(如图 3-15) 由 $P\{\chi^2 \geq \lambda_1\} = 1 - \dfrac{\alpha}{2}$，$P\{\chi^2 > \lambda_2\} = \dfrac{\alpha}{2}$ 确定临界值 λ_1, λ_2，它们可由 χ^2 分布表查出：$\lambda_1 = \chi^2_{1-\frac{\alpha}{2}}$，$\lambda_2 = \chi^2_{\frac{\alpha}{2}}$. 于是可用统计量 χ^2 进行 σ^2 的检验. 由样本值算出检验量 χ^2 的值，当 $\chi^2 \leq \chi^2_{1-\frac{\alpha}{2}}$ 或 $\chi^2 \geq \chi^2_{\frac{\alpha}{2}}$ 时，拒绝 H_0；当 $\chi^2_{1-\frac{\alpha}{2}} < \chi^2 < \chi^2_{\frac{\alpha}{2}}$ 时，接受 H_0. 这个检验方法称为 **χ^2 检验法**.

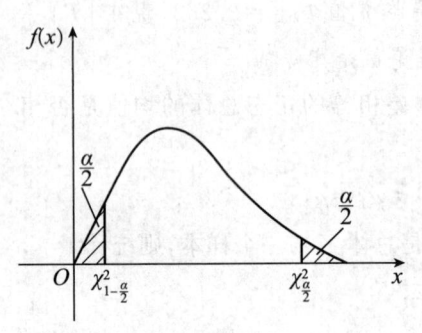

图 3-15 χ^2 分布的双侧临界值点

例 7 某车间生产的铜丝，生产一向比较稳定，今从产品中任抽取 10 根检查折断力，得数据如下(单位：kg)

$$578 \quad 572 \quad 570 \quad 568 \quad 572$$
$$570 \quad 572 \quad 596 \quad 584 \quad 570$$

问是否可相信该车间生产的铜丝的折断力的方差为 64？

解 设 X 为铜丝的折断力，根据经验知 X 服从正态分布，即 $X \sim N(\mu, \sigma^2)$，我们的任务是根据样本值，来检验假设

$$H_0: \sigma^2 = 64; \quad H_1: \sigma^2 \neq 64$$

由样本值算得

$$\overline{x} = 575.2$$

$$\sum_{i=1}^{10}(x_i - \overline{x})^2 = \sum_{i=1}^{10}x_i^2 - n\overline{x}^2 = 3\,309\,232 - 3\,308\,550.4 = 681.6$$

$$\chi_0^2 = \sum_{i=1}^{10}(x_i - \overline{x})^2/\sigma_0^2 = 681.6/64 = 10.65$$

取 $\alpha = 0.05$，查自由度为 9 的 χ^2 分布表得临界值：$\lambda_1 = \chi^2_{0.975}(9) = 2.70$，$\lambda_2 = \chi^2_{0.025}(9) = 19.0$，由于 $\lambda_1 = 2.70 < \chi_0^2 = 10.65 < \lambda_2 = 19.0$，故接受 H_0，即认为该车间生产的铜丝的折断力的方差为 64.

例8 原有一台仪器测量电阻值时,误差相应的方差是 $0.06\ \Omega$,现有一台新的仪器,对一个电阻值测量了 10 次,测得的值分别是(单位:Ω)

$$1.101\quad 1.103\quad 1.105\quad 1.098\quad 1.099$$
$$1.101\quad 1.104\quad 1.095\quad 1.100\quad 1.100$$

问新仪器的精度是否比原有的仪器好?

解 设新仪器的误差的方差是 σ^2,于是 10 个测量值 $x_1,x_2,\cdots,x_{10}$ 可以认为是正态总体 $N(\mu,\sigma^2)$ 的一个样本,其中 μ 是电阻的真值,未知的.现在要检验的假设是

$$H_0:\sigma^2\leqslant 0.06;\quad H_1:\sigma^2>0.06$$

σ^2 反映了新仪器的精度,σ^2 越小,精度越好,因此只要考虑 $\sigma^2\leqslant 0.06$ 是否成立.

从上面可知,应用自由度为 $10-1=9$ 的 χ^2 检验,此时 $\bar{x}=1.100\,6$

$$\sum_{i=1}^{10}(x_i-\bar{x})^2=\sum_{i=1}^{10}x_i^2-10\,\bar{x}^2$$
$$=12.113\,282-12.113\,203\,6=0.000\,078\,4$$
$$\chi^2=\sum_{i=1}^{10}(x_i-\bar{x})^2/\sigma_0^2=0.000\,078\,4/0.06=0.001\,31$$

查 χ^2 分布表,取 $\alpha=0.05$,$\chi^2_{0.05}(9)=16.9$,而 $0.001\,31<16.9$,因此没有理由怀疑 H_0,也即可以认为新仪器的精度比原来的好.

练习 3.5

1. 设某产品的性能指标服从正态分布 $N(\mu,\sigma^2)$,从历史资料已知 $\sigma=4$,抽查 10 个样品,求得均值为 17,取显著水平 $\alpha=0.05$,问零假设 $H_0:\mu=20$ 是否成立.

2. 从一批钢丝中抽取 10 个样品,测得冷拉断力为(单位:N)

$$568,570,570,570,572,572,578,572,584,590$$

按标准,断力应服从正态分布 $N(\mu,\sigma^2)$,其中已知 $\sigma^2=5$,问能否认为这批钢筋的冷拉断力为 575 N?

3. 某种零件尺寸服从正态分布,方差 $\sigma^2=1.21$,抽样检查 6 件,得尺寸数据(单位:mm)

$$31.56\quad 29.66\quad 31.64\quad 30.00\quad 31.87\quad 31.03$$

在显著水平 $\alpha=0.05$ 时,能否认为这批零件的长度尺寸是 32.50 mm?

4. 某种元件,要求其使用寿命不得低于 1 000 小时,现在从一批这种元件中随机抽取 25 件测得其平均寿命为 950 小时,已知这种元件的寿命服从标准差 $\sigma=100$ 小时的正态分布,试在显著水平 $\alpha=0.05$ 下确定这批元件是否合格?

5. 按照规定,每 100 g 的罐头番茄汁,维生素 C(Vc)的含量不得少于 21 mg,现从某厂生产的一批罐头中抽取 17 个,测得 Vc 的含量(单位:mg)如下

$$17,22,21,20,23,21,19,15,13,23,17,20,29,18,22,16,25$$

已知 Vc 的含量服从正态分布,方差 $\sigma^2 = 3.98^2$ 不变,试以 $\alpha = 0.025$ 的显著水平检验该批罐头的 Vc 含量是否合格.

6. 某糖厂用自动打包机打包,每包标准质量 100 kg,每天开工后,需要检验一次打包机工作是否正常,即检测打包机是否存在系统误差.某日开工后测得 9 包糖的质量分别为(单位:kg)

$$99.3, 98.7, 100.5, 101.2, 98.3, 99.7, 101.2, 100.5, 99.5$$

问该日打包机工作是否正常?

3.6 1→1 的回归分析

在实际问题中,变量与变量之间的关系大致可分为两种情况:一种是微积分中研究的函数关系,这时变量之间的关系是确定的,如匀速直线运动的路程和时间的关系 $s = vt$.另一种情况是,变量都是随机变量,它们之间明显存在着某种联系,但又不能用一个函数表达式确切地表示出来,例如身高和体重的关系,身高较高者,一般体重也重,但它们之间没有确定的函数关系;再如,电镀过程中,一般电镀时间越长,镀层越厚,但它们之间也没有确定的函数关系,等等.变量之间的这种关系,被称为**相关关系**.**回归分析**就是处理相关关系的数学方法.回归一词由英国统计学家 F·葛尔登(F·Galton)首先使用,它在研究父子身高之间的关系时发现:高个子父亲所生儿子比他更高的概率要小于比他矮的概率;同样,矮个子父亲所生儿子比他更矮的概率要小于比他高的概率.这两种身高的父辈的后代,其身高有向平均身高回归的趋势.

将实验数据中自变量和因变量之间的变化关系用方程表示出来,这种方程式一般称为**回归方程(或经验公式)**.根据实验数据制定经验公式的主要步骤有两个:一是判定代表实验数据变化规律的经验公式类型,写出能表明变量之间的变化关系,并含有有限个待定系数的具体公式形式;二是要根据实验数据确定经验公式中的待定系数.

3.6.1 1→1 回归的概念

当自变量和因变量都是一个时,称为 **1→1 回归**,如果自变量为多个而因变量为一个时,称为**多→1 回归**,这里我们只介绍 1→1 线性回归.

例1 研究某灌溉渠道水深与流速之间的关系,测得一批数据如表 3-2 所示:

表 3-2 水深与流速数据

水深 x/m	1.40	1.50	1.60	1.70	1.80	1.90	2.0	2.10
流速 y/(m/s)	1.70	1.79	1.88	1.95	2.03	2.10	2.16	2.21

将这8对数据都描绘在平面直角坐标系中,这是平面上的8个点,易见这8个点大体在一条带状区域内(图3-16).故可认为x与y之间有线性关系存在,设有关系式

$$y = a + bx \tag{3.6.1}$$

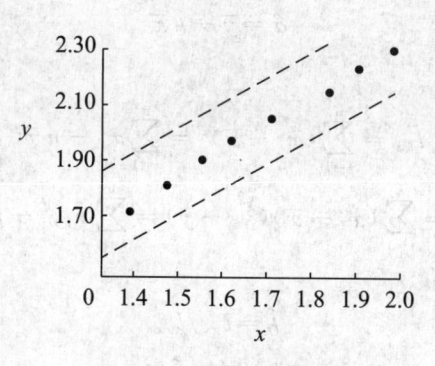

图 3-16 条形带状区域

然而这8个点并不都严格在一条直线上,对每一个x_i,由式(3.6.1)就确定一个ax_i+b,它与观测值y_i之间存在误差

$$y_i = a + bx_i + \varepsilon_i, i = 1, 2, \cdots, 8 \tag{3.6.2}$$

其中x_i与y_i是已知的,a,b,ε_i是未知的,ε_i为误差项.我们的目的就是利用这8对数据求出a,b的值,即得到式(3.6.2),且误差最小.使用的方法是最小二乘法.

3.6.2 最小二乘法

设实测值为$(x_1,y_1),\cdots,(x_n,y_n)$,则式(3.6.2)可改写为

$$\varepsilon_i = y_i - a - bx_i, i = 1, 2, \cdots, n \tag{3.6.3}$$

为了能使用微积分方法,又不使误差之和正负抵消,取全部误差的平方和为

$$Q(a,b) = \sum_{i=1}^{n} \varepsilon_i^2 = \sum_{i=1}^{n}(y_i - a - bx_i)^2$$

上式中只有a,b是未知数,易知Q是a,b的函数.由二元函数的极值原理,应有

$$\begin{cases} \dfrac{\partial Q}{\partial a} = -2\sum_{i=1}^{n}(y_i - a - bx_i) = 0 \\ \dfrac{\partial Q}{\partial b} = -2\sum_{i=1}^{n}(y_i - a - bx_i)x_i = 0 \end{cases}$$

整理得方程组

$$\begin{cases} na + nb\overline{x} = n\overline{y} \\ na\overline{x} + b\sum_{i=1}^{n} x_i^2 = \sum_{i=1}^{n} x_i y_i \end{cases}$$

从中解出 a,b 的最大值点,记作 $\hat{a},\hat{b}$,

$$\hat{b} = \sum_{i=1}^{n}(x_i-\overline{x})(y_i-\overline{y})/\sum_{i=1}^{n}(x_i-\overline{x})^2$$
$$\hat{a} = \overline{y} - \hat{b}\,\overline{x}$$

为了方便记忆,引入记号

$$l_{xx} = \sum_{i=1}^{n}(x_i-\overline{x})^2 = \sum_{i=1}^{n}x_i^2 - n\overline{x}^2$$
$$l_{xy} = \sum_{i=1}^{n}(x_i-\overline{x})(y_i-\overline{y}) = \sum_{i=1}^{n}x_i y_i - n\overline{xy}$$

于是有

$$\hat{b} = l_{xy}/l_{xx}$$
$$\hat{a} = \overline{y} - \hat{b}\,\overline{x} \tag{3.6.4}$$

确定 $\hat{a},\hat{b}$ 的方法称为最小二乘法. 我们把 $\hat{a}+\hat{b}x$ 的估计值记作 $\hat{y}$, 于是得到回归方程(或称经验公式)

$$\hat{y} = \hat{a} + \hat{b}x \tag{3.6.5}$$

现在我们求例 1 中的回归直线方程. 为了求出 $\hat{a},\hat{b}$, 可采用列表的方法计算, 如表 3-3 所示.

表 3-3

i	x_i	y_i	$x_i-\overline{x}$	$y_i-\overline{y}$	$(x_i-\overline{x})^2$	$(x_i-\overline{x})(y_i-\overline{y})$	$(y_i-\overline{y})^2$
1	1.40	1.70	−0.35	−0.277 5	0.122 5	0.097 125	0.077 0
2	1.50	1.79	−0.25	−0.187 5	0.062 5	0.046 875	0.035 2
3	1.60	1.88	−0.15	−0.097 5	0.022 5	0.014 625	0.009 5
4	1.70	1.95	−0.05	−0.027 5	0.002 5	0.001 375	0.000 8
5	1.80	2.03	0.05	0.052 5	0.002 5	0.002 625	0.002 8
6	1.90	2.10	0.15	0.122 5	0.022 5	0.018 375	0.015 0
7	2.0	2.16	0.25	0.182 5	0.062 5	0.045 625	0.033 3
8	2.10	2.21	0.35	0.232 5	0.122 5	0.081 375	0.054 1
Σ	14.00	15.82	0	0	0.42	0.308	0.227 6

于是可以计算出

$$\overline{x} = 1.75 \quad \overline{y} = 1.977\,5$$
$$\hat{b} = l_{xy}/l_{xx} = 0.308/0.42 = 0.733$$

$$\hat{a} = \bar{y} - \hat{b}\bar{x} = 1.9775 - 0.733 \times 1.75 = 0.6942$$

故回归直线方程为

$$\hat{y} = \hat{a} + \hat{b}x = 0.6942 + 0.733x$$

3.6.3 检验与预测

由回归直线方程的计算可知,对于任意两个变量的一组观测数据(x_i, y_i),$(i=1,2,\cdots,n)$,都可以用最小二乘法形式上求出回归直线方程$\hat{y} = \hat{a} + \hat{b}x$,于是就产生下面两个问题:

1. 回归方程$\hat{y} = \hat{a} + \hat{b}x$是否总有意义?即自变量$x$的变化是否真的对因变量$y$有线性影响?

2. 如果回归方程$\hat{y} = \hat{a} + \hat{b}x$有意义,则可用$\hat{y}$来预测$y$的值,那么$\hat{y}$与真实的$y$有多大的偏差?

第一个问题是显著性检验问题,第二个问题是估计问题.下面首先来回答第一个问题.

(1) 检验

平方和分解

注意到$\hat{y} = \hat{a} + \hat{b}x$只反映了$x$对$y$的影响,所以回归值$\hat{y}_i = \hat{a} + \hat{b}x_i$就是$y_i$中只受$x_i$影响的那一部分,而$y_i - \hat{y}_i$就是除去了$x_i$的影响后受其他种种因素影响的部分.故将$y_i - \hat{y}_i$称为**残差**(或剩余),于是观测值$y_i$可以分解为两部分

$$y_i = \hat{y}_i (\text{回归值}) + (y_i - \hat{y}_i)(\text{残差})$$

记$l_{yy} = \sum\limits_{i=1}^{n}(y_i - \bar{y})^2$,表示观测值总的变动情况,称为**总变差**(**总变动平方和**,也记为$s_{总}^2$),总变差可以作如下分解:

$$\begin{aligned}
l_{yy} &= \sum_{i=1}^{n}(y_i - \bar{y})^2 \\
&= \sum_{i=1}^{n}[(y_i - \hat{y}_i) + (\hat{y}_i - \bar{y})]^2 \\
&= \sum_{i=1}^{n}(y_i - \hat{y}_i)^2 + \sum_{i=1}^{n}(\hat{y}_i - \bar{y})^2 + 2\sum_{i=1}^{n}(y_i - \hat{y}_i)(\hat{y}_i - \bar{y})
\end{aligned}$$

上式中交叉项

$$\begin{aligned}
\sum_{i=1}^{n}(y_i - \hat{y}_i)(\hat{y}_i - \bar{y}) &= \sum_{i=1}^{n}(y_i - \hat{a} - \hat{b}x_i)(\hat{a} + \hat{b}x_i - \bar{y}) \quad (\text{考虑到}\,\hat{a} = \bar{y} - \hat{b}\bar{x}) \\
&= \sum_{i=1}^{n}(y_i - \bar{y} + \hat{b}\bar{x} - \hat{b}x_i)(\hat{b}x_i - \hat{b}\bar{x}) \\
&= \hat{b}\sum_{i=1}^{n}(y_i - \bar{y})(x_i - \bar{x}) - \hat{b}^2\sum_{i=1}^{n}(x_i - \bar{x})^2
\end{aligned}$$

$$=\frac{l_{xy}}{l_{xx}} \cdot l_{xy} - \frac{l_{xy}^2}{l_{xx}^2} \cdot l_{xx} = 0 \left(\text{考虑到} \hat{b} = \frac{l_{xy}}{l_{xx}}\right)$$

记

$$Q = \sum_{i=1}^{n}(y_i - \hat{y}_i)^2, U = \sum_{i=1}^{n}(\hat{y}_i - \overline{y})^2$$

则有

$$l_{yy} = Q + U \tag{3.6.6}$$

式(3.6.6)称为**平方和分解公式**,其中 U 称为**回归平方和**(也记作 $s_{回}^2$),Q 称为**残差平方和**(或**剩余平方和**,也记为 $s_{残}^2$).可以证明式(3.6.2)中的误差项 ε_i 独立且同分布,$\varepsilon_i \sim N(0, \sigma^2)$时,统计量

$$F = \frac{U}{Q/n-2} \sim F(1, n-2)$$

即 F 服从第一自由度为 1(分子 U 的自由度)和第二自由度为 $n-1$(分母 Q 的自由度)的 F 分布,给定显著水平 α 后,可以通过查"F 分布临界值表"查出临界值 $F_\alpha(1, n-2)$.若由样本值 $(x_i, y_i)(i=1,2,\cdots,n)$ 算出的统计量 $F > F_\alpha(1, n-2)$,则说明回归效果显著,即回归直线方程 $\hat{y} = \hat{a} + \hat{b}x$ 是有意义的;反之,若统计量 $F \leqslant F_\alpha(1, n-2)$,则说明回归效果不显著,即回归直线方程是没有意义的.这种检验方法称为 **F 检验法**.

在计算 U, Q 的公式中,可将 U, Q 作如下变形以简化计算:

$$U = \sum_{i=1}^{n}(\hat{y}_i - \overline{y})^2 = \sum_{i=1}^{n}(\hat{a} + \hat{b}x_i - \overline{y})^2$$

$$= \sum_{i=1}^{n}(\hat{b}x_i - \hat{b}\overline{x})^2 = \hat{b}^2 l_{xx} = \hat{b} l_{xy}$$

$$Q = l_{yy} - U$$

检验例 1 中所求回归直线方程的显著性,有

$$U = \hat{b} l_{xy} = 0.733 \times 0.308 = 0.2258$$

$$Q = l_{yy} - U = 0.2276 - 0.2258 = 0.0018$$

$$F = \frac{U}{Q/(n-2)} = \frac{0.2258}{0.0018/(8-2)} = 737.908$$

而 $\alpha = 0.05$ 时,$\lambda = F_{0.05}(1, 6) = 599$,所以,显然有 $F > \lambda = F_{0.05}(1, 6) = 599$,说明回归效果是显著的.

(2) 预测

当变量 x, y 之间的回归方程 $\hat{y} = \hat{a} + \hat{b}x$ 有效时,就可以用 $\hat{y} = \hat{a} + \hat{b}x$ 来预报真值 y,那么 $\hat{y}$ 与真值 y 的差 $y - \hat{y}$ 会有多大呢?事实上,我们无法确切地知道 $y - \hat{y}$ 的值(想一想为什么),只能去估计它的大小.

通常假定 $y - \hat{y} \sim N(0, \sigma^2)$,这样通过对 σ^2 的估计,就会知道 $y - \hat{y}$ 的取值范围.

可以证明　$E(s_{残}^2) = E\sum_{i=1}^{n}(y_i - \hat{y}_i)^2 = (n-2)\sigma^2$

因此可用 $\dfrac{1}{n-2}\sum_{i=1}^{n}(y_i - \hat{y}_i)^2$ 作为 σ^2 的无偏估计，记作 $\hat{\sigma}^2$，即

$$\hat{\sigma}^2 = \frac{1}{n-2}\sum_{i=1}^{n}(y_i - \hat{y}_i)^2$$

当然也可以用 $\sqrt{\hat{\sigma}^2}$ 去估计标准差 σ，记为 $\hat{\sigma}$，即

$$\hat{\sigma} = \sqrt{\frac{1}{n-2}\sum_{i=1}^{n}(y_i - \hat{y}_i)^2} = \sqrt{\frac{Q}{n-2}}$$

用 3σ 准则，就有

$$P\{|y - \hat{y}| \leqslant 3\hat{\sigma}\} \approx 0.99$$
$$P\{|y - \hat{y}| \leqslant 2\hat{\sigma}\} \approx 0.95$$

这样估计的 y 值落在区间 $[\hat{y} - 3\hat{\sigma}, \hat{y} + 3\hat{\sigma}]$ 或 $[\hat{y} - 2\hat{\sigma}, \hat{y} + 2\hat{\sigma}]$ 内的相应概率分别近似为 0.99 和 0.95.

下面再举个例子，说明回归分析的用法.

例 2　某种合成纤维的拉伸强度与其拉伸倍数有关，表 3-4 是 10 个纤维样品的强度与相应的拉伸倍数的实测记录，问 y 与 x 有什么样的相关关系？相关程度如何？用拉伸倍数预测强度的误差范围有多大？

表 3-4　拉伸强度与拉伸倍数的实测记录

编号	拉伸倍数 x	强度 y
1	1.9	1.4
2	2.1	1.8
3	2.7	2.8
4	3.5	3.0
5	4.0	3.5
6	4.5	4.2
7	5.0	5.5
8	6.0	5.5
9	6.5	6.0
10	8.0	6.5

解　一般说来，事先并不知道 y 与 x 的关系式，可先在坐标纸上将数据标出，用图形帮助我们选择恰当的函数形式.数据量很大时，人工点图比较麻烦，用计算机比较方便.

这里我们先考虑简单的线性回归是否合适，数据表见表 3-5 计算过程如下：

表 3-5

i	x_i	y_i	$x_i-\bar{x}$	$y_i-\bar{y}$	$(x_i-\bar{x})^2$	$(y_i-\bar{y})^2$	$(x_i-\bar{x})(y_i-\bar{y})$
1	1.9	1.4	−2.52	−2.62	6.3504	6.8644	2.66
2	2.1	1.8	−2.32	−2.22	2.9584	1.4884	7.56
3	2.7	2.8	−1.72	−1.22	2.9584	1.4884	3.78
4	3.5	3.0	−0.92	−1.02	0.8464	1.0404	10.5
5	4.0	3.5	−0.42	−0.52	0.1764	0.2704	14.0
6	4.5	4.2	0.08	0.18	0.0064	0.0324	18.9
7	5.0	5.5	0.58	1.48	0.3364	2.1904	27.5
8	6.0	5.5	1.58	1.48	2.4964	2.1904	33.0
9	6.5	6.0	2.08	1.98	4.3264	3.9204	39.0
10	8.0	6.5	3.58	2.48	12.8164	6.1504	52.0
Σ	44.2	40.2	0.0	0.0	35.696	29.076	208.9

$$\bar{x}=4.42, \bar{y}=4.02$$
$$l_{xx}=35.696, l_{yy}=29.076, l_{xy}=208.9$$

故

$$\hat{b}=\frac{l_{xy}}{l_{xx}}=5.852$$

$$\hat{a}=\bar{y}-\hat{b}\bar{x}=4.02-5.852\times4.42=-21.85$$

因此回归直线方程为

$$\hat{y}=\hat{a}+\hat{b}x=-21.85+5.852x$$

又

$$U=\hat{b}l_{xy}=5.852\times208.9=1216.84$$

$$Q=l_{yy}-U=29.076-1216.84=1187.77$$

$$F=\frac{U}{Q/n-2}=\frac{1216.84}{1187.77/(10-2)}=8.196$$

查 $\alpha=0.05$ 的 F 分布表,自由度 $n_1=1, n_2=8$,可得临界值 $\lambda=F_{0.05}(1,8)=5.32$ $F>\lambda=F_{0.05}(1,8)=5.32$,说明此回归方程是有意义的.

用 $\hat{y}=\hat{a}+\hat{b}x=337.608-148.173x$ 作预报,效果如何呢? 由 $s_{残}^2=Q=1187.77$ 得

$$\hat{\sigma}=\sqrt{\frac{Q}{n-2}}=\sqrt{\frac{1187.77}{10-2}}=12.18$$

因此预测值与真值的偏差绝对值不超过 $2\hat{\sigma}=24.37$ 的概率近似为 0.95.

练习 3.6

1. 研究钢线含碳量对于电阻的效应,测得一批数据如表 3-6 所示.

表 3-6

含碳 x/%	0.10	0.30	0.40	0.55	0.70	0.80	0.95
电阻 y/μΩ(20 ℃时)	15	18	19	21	22.6	23.8	26

求 y 对 x 的回归直线方程,并检验其回归效果的显著性($\alpha=0.05$).

2. 为了测得地基的土力学性能,将试验室内的试验结果孔隙比与现场剪切波速比较,获得数据如表 3-7 所示.

表 3-7

孔隙比 e_0/%	1.08	0.95	1.07	0.63	0.78	0.59	0.60	0.66	0.57	0.69
电阻 y/μΩ(20 ℃时)	194	200	179	179	189	219	274	253	284	276

求 y 对 x 的回归直线方程,并检验其回归效果的显著性($\alpha=0.05$).

3. 为了预测产品的得率 y,要了解它与原材料的有效成分 x 之间的关系,观察了 10 组数据,得

$$\sum_{i=1}^{10} x_i = 80, \sum_{i=1}^{10} y_i = 200, \sum_{i=1}^{10} x_i^2 = 680,$$

$$\sum_{i=1}^{10} y_i^2 = 4\,360, \sum_{i=1}^{10} x_i y_i = 1\,680$$

求 y 对 x 的回归直线方程,并检验其回归效果的显著性($\alpha=0.05$)

4. 测量两项具有相关关系的指标 x,y,得到 5 组数据 $(x_i, y_i)(i=1,2,\cdots,5)$,经计算后得

$$\sum_{i=1}^{5} x_i = 12.5, \sum_{i=1}^{5} y_i = 22.5, \sum_{i=1}^{5} x_i^2 = 36.5,$$

$$\sum_{i=1}^{5} y_i^2 = 107.5, \sum_{i=1}^{5} x_i y_i = 61.5$$

试求 y 与 x 的回归直线方程,并检验回归效果的显著性($\alpha=0.05$).

5. 在某项试验工作中,测得数据如表 3-8 所示.

表 3-8

x_i	120	125	130	135	140
y_i	40	47	68	60	51

试求 y 关于 x 的回归方程,并检验方程的显著性.

习题 3

1. 填空题

(1) 设 $x_1, x_2, \cdots, x_n$ 是来自正态总体 $N(\mu, \sigma_0^2)$ (σ_0^2 已知)的样本值,按给定的显著水平 α 检验 $H_0: \mu = \mu_0$; $H_1: \mu \neq \mu_0$,此时需选取统计量_____.

(2) 设 $x_1, x_2, \cdots, x_n$ 是来自正态总体 $N(\mu, \sigma_0^2)$ (μ, σ^2 均未知)的样本值,按给定的显著水平 α 检验 $H_0: \mu = \mu_0$; $H_1: \mu \neq \mu_0$,此时需选取统计量_____.若要求检验 $H_0: \sigma = \sigma_0$; $H_1: \sigma \neq \sigma_0$,则需选取统计量_____.

(3) 假设检验中的显著性水平 α 为_____发生的概率.

2. 选择题

(1) 设 x_1, x_2, x_3 是来自正态总体 $N(\mu, \sigma_0^2)$ (μ, σ^2 均未知)的样本,则统计量( )不是 μ 的无偏估计.

(A) $\max\{x_1, x_2, x_3\}$ (B) $\dfrac{1}{2}(x_1 + x_2)$

(C) $2x_1 - x_2$ (D) $x_1 - x_2 - x_3$

(2) 设 $X_1, X_2, \cdots, X_{16}$ 是来自总体 $X \sim N(2, \sigma^2)$ 的一个样本,$\overline{X} = \dfrac{1}{16}\sum_{i=1}^{16} X_i$,则 $\dfrac{4\overline{X} - 8}{\sigma} \sim$ ( ).

(A) $t(15)$ (B) $t(16)$

(C) $\chi^2(15)$ (D) $N(0, 1)$

(3) 已知某产品使用寿命 X 服从正态分布,要求平均使用寿命不低于 1 000 小时,现从一批这种产品中随机抽出 25 只,测得平均使用寿命为 950 小时,样本方差为 100 小时,则可用( )检验这批产品是否合格?

(A) t 检验法 (B) χ 检验法

(C) U 检验法 (D) F 检验法

(4) 设正态总体 $N(\mu, \sigma^2)$,零假设为 $H_0: \mu = \mu_0$,对立假设 $H_1: \mu \neq \mu_0$,若用 t 检验法检验 H_0,则在显著水平 α 下的拒绝域为( ).

(A) $|T| < t_\alpha(n-1)$ (B) $|T| \geqslant t_\alpha(n-1)$

(C) $T \geqslant t_{1-\alpha}(n-1)$ (D) $T < t_{1-\alpha}(n-1)$

3. 从总体 X 中任意抽取一个容量为 5 的样本,样本值为

$$3.2, 2.8, 3.0, 3.1, 3.5$$

试分别计算样本均值 $\overline{x}$ 及样本方差 s^2.

4. 设样本 $x_1,\cdots,x_n$ 来自总体
$$f(x;\theta)=\theta x^{\theta-1},0<x<1$$
求未知参数 θ 的极大似然估计量.若随机抽取一组样本,得样本值
$$0.5,0.6,0.5,0.4$$
求 θ 的一个极大似然估计值.

5. 假设新生男婴的体重服从正态分布,随机抽取 12 名新生男婴,测其体重分别为
$$3\ 100,2\ 520,3\ 000,3\ 000,3\ 600,3\ 160,$$
$$3\ 560,2\ 880,2\ 600,3\ 400,2\ 540,3\ 320$$
试分别就下面两种情形以 90% 的置信度估计新生男婴的平均体重(单位:g).
(1)$\sigma^2=375^2$;(2)σ^2 未知.

学习指导

本章先介绍了数理统计中的基本概念:总体和样本;然后介绍了统计推断的两类问题:参数估计和假设检验;最后介绍了元线性回归问题.

1. 参数估计是统计推断中对未知参数给出估计值或以一定的概率推断参数所在区间的一种统计方法.我们这里主要介绍了点估计和区间估计.

(1)点估计中介绍了常用的矩估计法和极大似然估计法,同时介绍了评价点估计量好坏的两个标准:无偏性和有效性.矩估计法的优点是直观、方便,缺点是没有充分利用总体对参数所提供的信息,得到的估计量可能不够优良.极大似然估计法的想法直观,利用了总体的分布密度函数,建立了样本和参数之间的联系,在理论上有很重要的意义.

(2)区间估计主要介绍了单个正态总体的期望(方差已知或未知)和方差的估计方法.要了解区间估计的基本思想以及置信区间、置信度等概念的含义.

2. 假设检验是数理统计中的另一种重要的推断方法,它以一定的概率来判断命题的成立与否,它依据的基本原理就是小概率原理.它的推理方法可以说是"反证法":为了检验命题成立与否,先假设命题成立,然后运用统计分析方法进行推理,如果导致小概率事件居然在一次事件中发生了,则认为这是"不合理"的现象,表明原假设很可能不正确,从而拒绝接受假设 H_0;反之,如果没有导致这种"不合理"的现象发生,则没有理由拒绝假设 H_0.但是需要注意,这种"反证法"与通常我们在纯数学中使用的反证法是不同的,因为这里所谓的"不合理"现象,并不是形式逻辑推理中出现的矛盾,而只是根据小概率事件的实际不可能性原理来判断的.在假设检验的思想里,包含着许多基本概念:如统计量、显著水平、临界值、小概率原理、两类错误,等等.这些概念应好好理解.

本章重点是参数估计和假设检验问题.

学习过程中,要注意区间估计与假设检验有十分密切的联系.事实上,假设检验里接受 H_0 的区域,就是区间估计里的置信区间,这一点在学习时要注意进行比较.

一、疑难解析

(一) 总体、样品、样本、统计量

数理统计中研究的总体,是指研究对象的某一特性指标的全体构成的集合,例如研究某种产品,我们关心的是它的寿命这一特性指标(或者长度及其他某一特性指标),因此所有个体的寿命集合构成总体.如果用一个变量 X 来表示个体的寿命,显然 X 具有一个分布,总体是 X 取值的全体.因此我们说总体是具有某种分布的随机变量,X 的分布也就是总体的分布,从总体中随机地抽取一个个体,称为一个样品.在抽取前无法预知将抽得哪个个体,因此样品和总体一样是一个随机变量.把随机抽取的第 i 个样品记作 x_i,显然 x_i 与 X 有相同的分布($i=1,2,\cdots,n$)抽取出的 n 个样品 $x_1,x_2,\cdots,x_n$ 的全体称为一个样本,样本中样品的个数称为样本容量.数理统计的任务就是根据样本提供的信息来推断总体的分布、数字特征或其他未知参数,并要求这种推断尽可能符合实际,那么如何抽样就显得非常重要.简单随机抽样就是一种最常用的方法.这样得到的样本实际上就是一组独立且同分布的随机变量,它是总体的代表和反映,实际问题中,不能直接用样本对总体进行推断,而是先要对样本进行"加工",构造出样本函数,使样本所含有关总体的"信息"集中起来,然后再进行推断.如果样本函数不含未知参数,则称之为统计量,统计推断中常用统计量去推断总体的有关特性.

(二) 参数的点估计

求参数点估计常用的两个方法是矩估计法和极大似然估计法.

矩估计法遵循的原则是"当参数等于其估计量时,总体矩等于相应的样本矩".由于总体 X 的分布中含有未知参数 $\theta_1,\theta_2,\cdots,\theta_m$,因此它的 k 阶原点矩 $v_k=E(X^k)(k=1,2,\cdots,m)$ 中也含有 $\theta_1,\theta_2,\cdots,\theta_m$.建立方程 $v_k=\frac{1}{n}\sum_{i=1}^{m}x_i^k(k=1,2,\cdots,m)$,从中解出的 $\hat{\theta}_1,\hat{\theta}_2,\cdots,\hat{\theta}_n$ 就是参数 $\theta_1,\theta_2,\cdots,\theta_m$ 的估计值.矩估计法的优点是直接、方便.

极大似然估计法的基本思想是"概率最大的事件,最容易在一次试验中发生",因此从具有分布密度 $f(x;\theta)$ 或分布列 $P\{X=k\}=p_k(k=1,2,\cdots)$ 的总体中抽取样本 $x_1,x_2,\cdots,x_n$,就认为似然函数 $L(x_1,x_2,\cdots,x_n;\theta)$ 在 $\hat{\theta}(x_1,x_2,\cdots,x_n)$ 处取得最大值.

求极大似然估计的一般步骤是:

1) 根据总体的分布密度函数 $f(x;\theta)$,作似然函数
$$L(x_1,x_2,\cdots,x_n;\theta)=f(x_1,\theta)f(x_2,\theta)\cdots f(x_n;\theta)$$

2) 考虑到似然函数一般为多项函数连乘的形式,以及 $\ln L(\theta)$ 与 $L(\theta)$ 具有相同的最值点,可先求 $\ln L(\theta)$ 的最值点,即解似然方程 $\frac{\mathrm{d}\ln L(\theta)}{\mathrm{d}\theta}=0$ 或 $\frac{\partial\ln L(\theta_i)}{\partial\theta_i}=0$,从中解出的 θ 或 θ_i 就是所求的极大似然估计.

3) 有时似然函数不可导,这时不能通过解似然方程求解,而需要根据极大似然原则从似然

函数直接得出,如求均匀分布中参数的极大似然估计.

要注意的是矩估计法与极大似然估计所得到的估计量不一定相同,这就涉及如何评价估计量好坏的标准.评价估计量好坏的标准通常有两个:无偏性和有效性.最佳无偏估计量是指方差最小的无偏估计量.

(三)关于假设检验

假设检验依据的是小概率原理,即"小概率事件在一次试验中实际上是不会发生的".因此,一旦小概率事件发生了,就有理由拒绝原假设,否则就接受原假设.

假设检验一般经过四个步骤:

1)根据实际问题的要求,提出原假设 H_0 和备择假设 H_1 的具体内容;

2)找出恰当的适于检验 H_0 的统计量来集中样本内关于 H_0 的信息,并在理论上导出该统计量的分布;

3)确定 H_0 的拒绝域,在给定检验水平 α 的条件下,查统计量所服从的数值表,求出临界值,从而按小概率原理确定拒绝域 W;

4)判断:若统计量用样本值代入后得到的统计值小于临界值,则 H_0 是相容的,即认为零假设是成立的,否则认为零假设不成立.

步骤(2),导出统计量的分布不需要我们去推导,有理论工作者已经做好了这项工作,我们只需记住有关的结论即可.关于正态总体的期望方差检验问题共有9种提法(单侧和双侧的),表3-9列出的是单一正态总体关于期望的假设检验问题的拒绝域.

表3-9 单一正态总体的期望检验

	H_0	H_1	在显著水平 α 下拒绝 H_0,若	
			方差 σ^2 为已知	方差 σ^2 为未知
Ⅰ	$\mu=\mu_0$	$\mu>\mu_0$	$\bar{x}>\mu_0+\dfrac{\sigma_0}{\sqrt{n}}z_\alpha$	$\bar{x}>\mu_0+\dfrac{s}{\sqrt{n}}t_\alpha(n-1)$
Ⅱ	$\mu=\mu_0$	$\mu<\mu_0$	$\bar{x}<\mu_0+\dfrac{\sigma_0}{\sqrt{n}}z_\alpha$	$\bar{x}<\mu_0+\dfrac{s}{\sqrt{n}}t_\alpha(n-1)$
Ⅲ	$\mu=\mu_0$	$\mu\neq\mu_0$	$\|\bar{x}-\mu_0\|>\dfrac{\sigma_0}{\sqrt{n}}z_{\alpha/2}$	$\|\bar{x}-\mu_0\|>\dfrac{s}{\sqrt{n}}t_{\alpha/2}(n-1)$

(四)区间估计与假设检验的关系

区间估计与假设检验是针对统计问题的不同提法给出的两种解决方法,它们的结论有相似之处,以未知方差、正态总体期望的区间估计与假设检验为例:μ 的置信度为 $1-\alpha$ 的置信区间 $\left[\bar{x}-\lambda\dfrac{s}{\sqrt{n}},\bar{x}+\lambda\dfrac{s}{\sqrt{n}}\right]$ 正是假设检验 $H_0:\mu=\mu_0$,$H_1:\mu\neq\mu_0$ 的接受域(显著水平为 α),它们都出于一个式子:

$$P\left\{\left|\frac{\overline{x}-\mu_0}{s/\sqrt{n}}\right|\leqslant\lambda\right\}=1-\alpha$$

其中 λ 查 t 分布表：$\lambda=t_\alpha(n-1)$ 可得到．这说明区间估计与假设检验处理问题的思想是相同的，但二者又是有区别的：区间估计中参数 μ 是未知的，没有给出标准而要求未知参数 μ 的一个范围，而假设检验是给了假设的标准 $\mu=\mu_0$，通过推理去找出否定假设的区域(拒绝域)．

二、典型例题

例 1 设正态总体 $N(\mu,\sigma^2)$ 中 μ 未知，σ^2 已知，又设 $x_1,x_2,\cdots,x_n$ 是来自正态总体的一个样本，问下列样本函数中哪个是统计量？在统计量中，哪些是 μ 的无偏估计？哪个是最佳无偏估计？

(1) $\dfrac{1}{2}x_1+\dfrac{2}{3}x_2-\dfrac{1}{6}x_3$　　　　(2) $\dfrac{1}{3}(x_2+\mu)$

(3) x_3　　　　(4) $\sum\limits_{i=1}^{3}\dfrac{x_i^2}{\sigma^2}$

(5) $\min\{x_1,x_2,x_3\}$

解 统计量是样本函数，其中不应含有未知参数，判定样本函数是否为统计量主要依据就是这条原则．统计量 $\hat{\theta}$ 是否为 θ 的无偏估计，就要看 $\hat{\theta}$ 是否满足 $E(\hat{\theta})=\theta$．所有无偏估计中方差最小者是最佳无偏估计量．

(1),(3),(4),(5)中不含未知参数 μ，根据统计量的概念可知，他们都是统计量．

分别计算各统计量的期望

$$E\left(\frac{1}{2}x_1+\frac{2}{3}x_2-\frac{1}{6}x_3\right)=\frac{1}{2}E(x_1)+\frac{2}{3}E(x_2)-\frac{1}{6}E(x_3)$$

$$=\frac{1}{2}\mu+\frac{2}{3}\mu-\frac{1}{6}\mu=\mu$$

$$E\left[\frac{1}{3}(x_2+\mu)\right]=\frac{1}{3}E(x_2)+\mu=\frac{1}{3}\mu+\mu=\frac{4}{3}\mu$$

$$E(x_3)=\mu$$

$$E\left(\sum_{i=1}^{3}\frac{x_i^2}{\sigma^2}\right)=\frac{1}{\sigma^2}\sum_{i=1}^{3}E(x_i^2)$$

$$=\frac{1}{\sigma^2}\sum_{i=1}^{3}(\sigma^2+\mu^2)=\frac{3}{\sigma^2}(\sigma^2+\mu^2)\neq\mu$$

$E\{\min\{x_1,x_2,x_3\}\}\leqslant\mu$(每次试验均取最小值)，从而可知(1),(3)是无偏估计．

分别计算两个无偏估计的方差：

$$D\left(\frac{1}{2}x_1+\frac{2}{3}x_2-\frac{1}{6}x_3\right)$$

$$= \frac{1}{4}D(x_1) + \frac{4}{9}D(x_2) - \frac{1}{36}D(x_3) = \frac{26}{36}\sigma^2$$

$$D(x_3) = \sigma^2$$

所以(1)是最佳无偏估计量(当然这是在所给的几个统计量中比较而得到的).

例2 已知总体 $X \sim N(80, 400)$,样本容量 $n=100$,求样本均值与总体均值之差的绝对值大于 3 的概率.

解 根据样本抽样的定理 3.2 可知,若设 $x_1, \cdots, x_n$ 是来自正态总体 $N(\mu, \sigma^2)$ 的一组样本,则样本均值 $\overline{x} = \frac{1}{n}\sum_{i=1}^{n}x_i \sim N\left(\mu, \frac{\sigma^2}{n}\right)$.

因为总体 $X \sim N(80, 400)$,样本容量 $n=100$,则样本均值 $\overline{X}$ 的数字特征

$$E(\overline{X}) = 80, D(\overline{X}) = \frac{D(X)}{n} = \frac{400}{100} = 4$$

即
$$\overline{X} \sim N(80, 4)$$

方法一 所求概率为 $P\{|\overline{X} - 80| > 3\} = P\left\{\frac{\overline{X} - 80}{2} > \frac{3}{2}\right\}$

$$= P\left\{\frac{\overline{X} - 80}{2} > \frac{3}{2}\right\} + P\left\{\frac{\overline{X} - 80}{2} < -\frac{3}{2}\right\}$$

$$= 1 - \Phi\left(\frac{3}{2}\right) + \Phi\left(-\frac{3}{2}\right) = 2\left(1 - \Phi\left(\frac{3}{2}\right)\right)$$

$$= 2(1 - 0.9332) = 0.1336$$

方法二 所求概率为 $P\{|\overline{X} - 80| > 3\} = 1 - P\{|\overline{X} - 80| \leqslant 3\}$

$$= 1 - P\{-3 \leqslant \overline{X} - 80 \leqslant 3\}$$

$$= 1 - P\{77 \leqslant \overline{X} \leqslant 83\}$$

$$= 1 - P\left\{\frac{77 - 80}{2} < \frac{\overline{X} - 80}{2} < \frac{83 - 80}{2}\right\} = 2\left[1 - \Phi\left(\frac{3}{2}\right)\right]$$

$$= 0.1336$$

例3 设总体 X 的概率密度为

$$f(x) = \begin{cases} (1+\theta)x^\theta, & 0 < x < 1 \\ 0, & \text{其他} \end{cases}$$

其中 $\theta > -1$ 是未知参数,$x_1, x_2, \cdots, x_n$ 是来自总体 X 的个容量为 n 的简单随机样本,分别用矩估计法和极大似然估计法求 θ 的估计量.

解 (1)用矩估计法求 θ 的估计量

矩估计法就是"当参数等于其估计量时,总体矩等于相应的样本矩"的原则,建立总体矩与相应样本矩之间的等式关系.由前面的知识可以知道,总体的一阶原点矩就是期望,二阶中心矩就是方差.

由于总体的一阶原点矩为

$$E(X) = \int_{-\infty}^{+\infty} x f(x) \mathrm{d}x = \int_0^1 x(1+\theta)x^\theta \mathrm{d}x$$

$$= \frac{1+\theta}{2+\theta} x^{\theta+2} \Big|_0^1 = \frac{1+\theta}{2+\theta}$$

样本的一阶原点矩为 $\bar{x} = \dfrac{1}{n}\sum\limits_{i=1}^{n} x_i$

令 $E(X) = \bar{x}$，得 $\dfrac{1+\theta}{2+\theta} = \bar{x}$，从中解出 $\hat{\theta} = \dfrac{2\bar{x}-1}{1-\bar{x}} = \dfrac{\dfrac{2}{n}\sum\limits_{i=1}^{n} x_i - 1}{1 - \dfrac{1}{n}\sum\limits_{i=1}^{n} x_i}$，$\hat{\theta}$ 是 θ 的矩估计量.

小结 矩估计法的步骤

1) 求出总体的 k 阶原点矩 $v_k = E(X^k)(k=1,2,\cdots,m)$；

2) 求出样本的 k 阶原点矩 $\dfrac{1}{n}\sum\limits_{i=1}^{n} x_i^k (k=1,2,\cdots,m)$；

3) 建立方程 $v_k = \dfrac{1}{n}\sum\limits_{i=1}^{n} x_i^k$（一般地，$k$ 的取值等于 v_k 中含有未知参数的个数），从中解出未知参数的矩估计量.

(2) 用极大似然估计法求 θ 的估计量

极大似然估计法就是指似然函数

$$L(x_1, x_2, \cdots, x_n; \theta) = f(x_1, \theta) f(x_2, \theta) \cdots f(x_n; \theta)$$

在 θ 处取得最大值.

在本题中，似然函数

$$L(x_1, x_2, \cdots x_n; \theta)$$
$$= f(x_1) f(x_2) \cdots f(x_n)$$
$$= (1+\theta)^n (x_1 x_2 \cdots x_n)^\theta$$

两边取对数，得

$$\ln L(\theta) = n\ln(1+\theta) + \theta \ln(x_1 x_2 \cdots x_n)$$

求

$$\frac{\mathrm{d}\ln L}{\mathrm{d}\theta} = \frac{n}{1+\theta} + \ln(x_1 x_2 \cdots x_n)$$

令 $\dfrac{\mathrm{d}\ln L}{\mathrm{d}\theta} = 0$，得

$$\frac{n}{1+\theta} + \ln(x_1 x_2 \cdots x_n) = 0$$

从中解出 $\hat{\theta} = -\dfrac{n}{\sum\limits_{i=1}^{n} \ln x_i} - 1 = -\dfrac{n + \sum\limits_{i=1}^{n} \ln x_i}{\sum\limits_{i=1}^{n} \ln x_i}$，$\hat{\theta}$ 是 θ 的极大似然估计.

小结 极大似然估计法的步骤

1)写出似然函数 $L(\theta;x_1,x_2,\cdots,x_n)$,计算 $\ln L(\theta;x_1,x_2,\cdots,x_n)$;

2)如果似然函数 $L(\theta;x_1,x_2,\cdots,x_n)$ 关于参数 θ 是可微的,求 $\dfrac{dL}{d\theta}$;

3)解方程 $\dfrac{dL}{d\theta}=0$,求出 $L(\theta;x_1,x_2,\cdots,x_n)$ 的最大点 $\hat\theta=\hat\theta(x_1,x_2,\cdots,x_n)$,此即为所求的极大似然估计量.

例 4 设从均值为 μ,方差为 $\sigma^2>0$ 的总体中,分别抽取容量为 n_1,n_2 的两个独立样本,$\overline{X}_1$ 与 $\overline{X}_2$ 分别是两样本的均值,试证:对于任意常数 a,b(且 $a+b=1$),则 $Y=a\overline{X}_1+b\overline{X}_2$ 都是 μ 的无偏估计.

证明 如果参数 θ 的估计量 $\hat\theta(x_1,x_2,\cdots,x_n)$ 满足 $E(\hat\theta)=\theta$,则称 $\hat\theta$ 为参数 θ 的无偏估计量.

已知 $E(\overline{X})=\mu,E(\overline{X}_2)=\mu$,且 $a+b=1$,故

$$E(Y)=E(a\overline{X}_1+b\overline{X}_2)=aE(\overline{X}_1)+bE(\overline{X}_2)$$
$$=a\mu+b\mu=(a+b)\mu=\mu$$

即对于任意常数 a,b(且 $a+b=1$),则 $Y=a\overline{X}_1+b\overline{X}_2$ 都是 μ 的无偏估计.

例 5 设来自正态总体 $X\sim N(\mu,\sigma^2)$ 的样本值为

5.1　5.1　4.8　5.0　4.7　5.0　5.2　5.1　5.0

试就(1)已知 $\sigma=1$,(2)σ 未知,两种情况分别求总体均值 μ 的 0.95 的置信区间.

解 计算得 $\bar x=\dfrac{1}{9}(5.1+5.1+\cdots+5.0)=5.0, s=0.1581$

因为 $1-\alpha=0.95$,所以 $\alpha=0.05$.

(1)这是一个已知方差,对均值的区间估计问题.总体均值 μ 的 0.95 的置信区间为

$$\left(\bar x - z_{\alpha/2}\frac{\sigma}{\sqrt{n}}, \bar x + z_{\alpha/2}\frac{\sigma}{\sqrt{n}}\right)$$

其中 $z_{\frac{\alpha}{2}}$ 查正态分布数值表得到,$\Phi(z_{\frac{\alpha}{2}})=1-\alpha/2=1-0.025=0.975, z_{\frac{\alpha}{2}}=1.96$

因 $$\bar x - z_{\alpha/2}\frac{\sigma}{\sqrt{n}} = 5.0 - 1.96\times\frac{1}{\sqrt{9}} = 4.347$$

$$\bar x + z_{\alpha/2}\frac{\sigma}{\sqrt{n}} = 2.125 + 1.65\times\frac{0.01}{\sqrt{16}} = 5.653$$

故所求总体均值 μ 的 0.95 的置信区间为 $(4.347, 5.653)$.

小结 单个正态总体 $N(\mu,\sigma^2)$,已知方差 σ^2,求期望 μ 的置信度为 $1-\alpha$ 的置信区间的步骤

1)首先求出 $\bar x=\dfrac{1}{n}\sum\limits_{i=1}^{n}x_i$;

2)查正态分布数值表求临界值 λ：$\Phi(\lambda)=1-\dfrac{\alpha}{2}$；

3)将 $\bar{x},\sigma_0,n,\lambda$ 均代入置信度为 α 的置信区间：$\left[\bar{x}-\lambda\dfrac{\sigma}{\sqrt{n}},\bar{x}+\lambda\dfrac{\sigma}{\sqrt{n}}\right]$.

(2)这是未知方差 σ^2，对均值 μ 的区间估计问题. 总体均值 μ 的 0.95 的置信区间为

$$\left[\bar{x}-t_\alpha\dfrac{s}{\sqrt{n}},\bar{x}+t_\alpha\dfrac{s}{\sqrt{n}}\right]$$

其中 t_α 查自由度为 $n-1=8,\alpha=0.05$ 的 t 分布表得到，$t_{0.05}(8)=2.306$

因

$$\bar{x}-t_\alpha\dfrac{s}{\sqrt{n}}=5.0-2.306\times\dfrac{0.1581}{\sqrt{9}}=4.878$$

$$\bar{x}+t_\alpha\dfrac{s}{\sqrt{n}}=5.0+2.306\times\dfrac{0.1581}{\sqrt{9}}=5.122$$

故所求总体均值 μ 的 90% 的置信区间为 $[4.878,5.122]$.

小结 单个正态总体 $N(\mu,\sigma^2)$，未知方差 σ^2，求期望 μ 的置信度为 $1-\alpha$ 的置信区间的步骤

1)首先求出 $\bar{x}=\dfrac{1}{n}\sum_{i=1}^{n}x_i$；

2)查 t 分布数值表求临界值 λ：$P\{|t|>\lambda\}=\alpha$；

3)将 $\bar{x},\sigma_0,n,\lambda$ 均代入置信度为 α 的 μ 的置信区间：$\left[\bar{x}-\lambda\dfrac{s}{\sqrt{n}},\bar{x}+\lambda\dfrac{s}{\sqrt{n}}\right]$.

例 6 某切割机在正常工作时，切割的每段金属棒长服从正态分布，且其平均长度为 10.5 cm，标准差为 0.15 cm. 今从一批产品中随机抽取 15 段进行测量，其结果为

10.5　10.6　10.1　10.4　10.5　10.3　10.3

10.2　10.6　10.8　10.5　10.7　10.2　10.7　10.8

假设方差不变，问该切割机工作是否正常？

解 这是已知方差 σ^2，对正态总体的均值进行检验的问题，用 U 检验法. H_0：$\mu=10.5$，H_1：$\mu\neq 10.5$

选统计量 $U=\dfrac{\bar{x}-\mu_0}{\sigma/\sqrt{n}}$，当 H_0 为真时，$U\sim N(0,1)$. 计算知 $\bar{x}=10.48$，$\sigma=0.15$，$n=15$，计算检验量

$$|U_0|=\left|\dfrac{10.48-10.5}{0.15/\sqrt{15}}\right|=0.516$$

拒绝域为 $|U|\geq z_{1-\frac{\alpha}{2}}$，其中临界值 $\lambda=z_{1-\frac{\alpha}{2}}$ 满足 $\Phi(\lambda)=1-\dfrac{\alpha}{2}=0.975$，查正态分布数值表得 $\lambda=1.96$，因为 $|U_0|<\lambda$，故 H_0 相容，即在显著水平 $\alpha=0.05$ 下可以认为该切割机工作正常.

小结 单个正态总体 $X\sim N(\mu,\sigma^2)$，σ^2 已知时关于均值 μ 的假设检验——U 检验法的步骤

1)提出假设 H_0：$\mu=\mu_0$（μ_0 是已知数），H_1：$\mu\neq\mu_0$；

2)选取统计量并确定其分布:$U=\dfrac{\bar{x}-\mu_0}{\sigma_0/\sqrt{n}}$,若 H_0 成立时,则 $U\sim N(0,1)$;

3)计算统计值:将 $\bar{x},\mu_0,\sigma_0,n$ 代入,求出 U_0;

4)查正态分布数值表求临界值 λ:$\Phi(\lambda)=1-\dfrac{\alpha}{2}$;

5)比较 $|U_0|$ 与 λ 的大小:若 $|U_0|>\lambda$,则拒绝 H_0;若 $|U_0|<\lambda$,则接受 H_0.

例7 某厂生产某种钢索的断裂强度服从正态分布 $N(\mu,\sigma^2)$,其中 $\sigma=4\ \text{N/mm}^2$.现从这批钢索中随机抽取9个样本,测得断裂强度平均值 $\bar{x}$,与以往正常生产的 μ 相比,$\bar{x}$ 较 μ 大 $2\ \text{N/mm}^2$,设总方差不变,问 $\alpha=0.01$ 下能否认为这批钢索的质量有显著提高?

解 $\qquad\qquad\qquad H_0:\mu=\mu_0,H_1:\mu>\mu_0$

由于 σ^2 已知,故采用 U 检验法.

选统计量 $U=\dfrac{\bar{x}-\mu_0}{\sigma/\sqrt{n}}$,当 H_0 为真时,$U\sim N(0,1)$

已知 $\bar{x}-\mu_0=2,\sigma=4,n=9$,计算得

$$U_0=\dfrac{\bar{x}-\mu_0}{\sigma/\sqrt{n}}=\dfrac{2}{4/\sqrt{16}}=2$$

由于是单侧检验,拒绝域 $U\geqslant z_{1-\frac{\alpha}{2}}$,临界值 $\lambda=z_{1-\frac{\alpha}{2}}$ 满足 $\Phi(\lambda)=1-\alpha=0.99$,查正态分布数值表得 $\lambda=2.33$,因为 $U_0<\lambda$,故 H_0 相容,即在显著水平 $\alpha=0.01$ 下能认为这批钢索的质量有显著提高.

例8 随机抽取某班 28 名学生的英语考试成绩,得平均分数为 $\bar{x}=80$,样本标准差 $s=8$,若全年级的英语成绩服从正态分布,且平均成绩为 85 分,试问在显著水平 $\alpha=0.05$ 下,能否认为该班的英语平均成绩为 85 分?

解 $H_0:\mu=85,H_1:\mu\neq 85$

由于 σ^2 未知,故采用 t 检验法.

选统计量 $T=\dfrac{\bar{x}-\mu_0}{s/\sqrt{n}}$,当 H_0 为真时,$T\sim t(27)$.

已知 $\bar{x}=80,s=8,n=28,\mu_0=85$,

计算得

$$|T_0|=\left|\dfrac{\bar{x}-\mu_0}{s/\sqrt{n}}\right|=\left|\dfrac{80-85}{8/\sqrt{28}}\right|=3.25$$

拒绝域为 $|T|\geqslant t_{0.975}(27)$,查 t 分布表,$t_{0.975}(27)=2.052$

$|T_0|\geqslant t_{0.975}(27)=2.052$,故拒绝 H_0,即不能认为该班的英语成绩为 85 分.

小结 单个正态总体 $X\sim N(\mu,\sigma^2)$,σ^2 未知时关于均值 μ 的假设检验——t 检验法的步骤

1)提出假设 $H_0:\mu=\mu_0$(μ_0 是已知数),$H_1:\mu\neq\mu_0$;

2)选取统计量并确定其分布:$T=\dfrac{\bar{x}-\mu_0}{s/\sqrt{n}}$,若 H_0 成立时,则 $T\sim T(t(n-1))$;

3) 计算统计值:将 $\bar{x},\mu_0,\sigma_0,n$ 代入,求出 T_0;

4) 查 t 分布数值表求临界值 λ: $P\{|t|>\lambda\}=\alpha$;

5) 比较 $|T_0|$ 与 λ 的大小:若 $|T_0|>\lambda$,则拒绝 H_0;若 $|T_0|<\lambda$,则接受 H_0.

例 9 检验某电子元件可靠性指标 15 次,计算得指标平均值为 $\bar{x}=0.95$,样本标准差为 $s=0.03$,该元件的订货合同规定其可靠性指标的标准差为 0.05,假设元件可靠性指标服从正态分布.问在 $\alpha=0.10$ 下,该电子元件可靠性指标的方差是否符合合同标准?

解 用 χ^2 检验法.

$$H_0: \sigma^2=0.05^2, H_1: \sigma^2 \neq 0.05^2$$

当 H_0 为真时,统计量 $\chi^2 = \dfrac{s^2}{\sigma_0^2/(n-1)} \sim \chi^2(n-1)$

拒绝域是 $\chi^2 > \chi^2_{0.05}(n-1)$ 或 $\chi^2 < \chi^2_{0.95}(n-1)$

$n=15, s=0.03, \sigma_0=0.05^2$,

检验值 $\chi_0^2 = \dfrac{0.03^2}{0.05^2/(15-1)} = 5.04$

由于 $\chi^2_{0.95}(14)=6.571, \chi_0^2 < \chi^2_{0.95}(14)$

所以拒绝 H_0,即该电子元件可靠性指标的方差不符合合同标准.

小结 单个正态总体 $X \sim N(\mu,\sigma^2)$,关于方差 σ^2 的假设检验——χ^2 检验法的步骤

1) 提出假设 $H_0: \sigma^2=\sigma_0^2, H_1: \sigma^2 \neq \sigma_0^2$;

2) 选取统计量并确定其分布: $\chi^2 = \dfrac{s^2}{\sigma_0^2/(n-1)}$,若 H_0 成立时, $\chi^2 = \sum_{i=1}^{n}(x_i-\bar{x})^2/\sigma_0^2 \sim \chi^2(n-1)$

3) 计算统计值:将 $\bar{x},\mu_0,\sigma_0,n$ 代入,求出 χ_0^2;

4) 查 χ^2 分布数值表求临界值 λ_1,λ_2: $P\{\chi^2>\lambda_2\}=\dfrac{\alpha}{2}$ 和 $P\{\chi^2<\lambda^2\}=1-\dfrac{\alpha}{2}$

5) 比较 χ_0^2 与 λ_1,λ_2 的大小:若 $\chi_0^2>\lambda_1$,或 $\chi_0^2<\lambda_2$,则拒绝 H_0;否则接受 H_0.

自我测试题

一、填空题

1. 样本是一组_____的随机变量;对于有限总体,采取_____抽样,就可以获得简单随机样本.

2. _____叫做统计量.

3. 对总体 $X \sim f(x;\theta)$ 的未知参数 θ 进行估计,属于_____问题;对总体 $X \sim f(x;\theta)$ 的未知参数 θ 的有关命题进行检验,属于_____问题.常用的参数估计有_____,_____两种方法.

4. 比较估计量好坏的两个重要标准是 _____，_____．

5. 设 $x_1,x_2,\cdots,x_n$ 是来自正态总体 $N(\mu,\sigma^2)$ (μ,σ^2 均未知) 的样本值，则参数 μ 的置信度为 $1-\alpha$ 的置信区间为 _____，又参数 σ^2 的置信度为 $1-\alpha$ 的置信区间为 _____．

二、选择题

1. 设 $x_1,x_2,\cdots,x_n$ 是来自正态总体 $N(\mu,\sigma^2)$ (μ,σ^2 均未知) 的样本，则（　　）是统计量．

(A) x_1 (B) $\bar{x}+\mu$ (C) $\dfrac{x_1^2}{\sigma^2}$ (D) μx_1

2. 设总体 X 的均值 μ 与方差 σ^2 都存在，且均为未知参数，而 $X_1,X_2,\cdots,X_n$ 是该总体的一个样本，记 $\bar{X}=\dfrac{1}{n}\sum_{i=1}^{n}X_i$，则总体方差 σ^2 的矩估计为（　　）

(A) $\bar{X}$

(B) $\dfrac{1}{n}\sum_{i=1}^{n}(X_i-\bar{X})^2$

(C) $\dfrac{1}{n}\sum_{i=1}^{n}(X_i-\mu)^2$

(D) $\dfrac{1}{n}\sum_{i=1}^{n}X_i^2$

3. 设 X_1,X_2 是来自正态总体 $N(\mu,1)$ 的容量为 2 的样本，其中 μ 为未知参数，下面关于 μ 的估计两种，只有（　　）才是 μ 的无偏估计．

(A) $\dfrac{2}{3}X_1+\dfrac{4}{3}X_2$

(B) $\dfrac{1}{4}X_1+\dfrac{2}{4}X_2$

(C) $\dfrac{3}{4}X_1-\dfrac{1}{4}X_2$

(D) $\dfrac{2}{5}X_1+\dfrac{3}{5}X_2$

4. 设 $x_1,x_2,\cdots,x_n$ 是来自正态总体 $N(\mu,\sigma^2)$ 的样本，σ^2 已知而 μ 为未知参数，记 $\bar{x}=\dfrac{1}{n}\sum_{i=1}^{n}x_i$，已知 $\Phi(x)$ 表示标准正态分布 $N(0,1)$ 的分布函数，$\Phi(1.96)=0.975$，$\Phi(1.28)=0.900$，则 μ 的置信水平为 0.95 的置信区间为（　　）

(A) $\left(\bar{x}-0.975\dfrac{\sigma}{\sqrt{n}},\bar{x}+0.975\dfrac{\sigma}{\sqrt{n}}\right)$

(B) $\left(\bar{x}-1.96\dfrac{\sigma}{\sqrt{n}},\bar{x}+1.96\dfrac{\sigma}{\sqrt{n}}\right)$

(C) $\left(\bar{x}-1.28\dfrac{\sigma}{\sqrt{n}},\bar{x}+1.28\dfrac{\sigma}{\sqrt{n}}\right)$

(D) $\left(\bar{x}-0.90\dfrac{\sigma}{\sqrt{n}},\bar{x}+0.90\dfrac{\sigma}{\sqrt{n}}\right)$

5. 假设检验时，若增大样本容量，则犯两类错误的概率（　　）．

(A) 都增大   (B) 都减小

(C) 都不变   (D) 一个增大，另一个减小

三、计算题

1. 设样本 $x_1,\cdots,x_n$ 来自总体
$$f(x;\theta)=(\theta+1)x^\theta,\quad 0<x<1$$
求未知参数 θ 的矩估计量及极大似然估计量．

2. 为了对完成某项工作所需时间建立一个标准，工厂随机抽查了16名工人分别去完成这项工作，结果发现他们所需的平均时间为13 min，样本标准差为3 min，假设完成这项工作所需的时间服从正态分布，试确定完成此工作所需平均时间的95%的置信区间.

3. 正常人的脉搏平均为72次/min，现某医生测得10例慢性四乙基铅中毒患者的脉搏（单位：次/min）如下.

$$54, 67, 68, 78, 70, 66, 67, 70, 65, 69$$

问在显著水平 $\alpha=0.05$ 下四乙基铅中毒患者和正常人的脉搏有无显著性差异（四乙基铅中毒患者的脉搏服从正态分布）？

参考文献

[1] 武爱文,冯卫国,卫淑芝,等.概率论与数理统计[M].上海:上海交通大学出版社,2011.

[2] 韩明.概率论与数理统计[M].上海:上海财经大学出版社,2016.

[3] 王学丽.概率论与数理统计[M].北京:北京邮电大学出版社,2017.

[4] 孙慧.概率论与数理统计[M].上海:同济大学出版社,2017.

[5] 程慧燕.概率论与数理统计[M].北京:北京理工大学出版社,2018.

附录 1 标准正态分布数值表

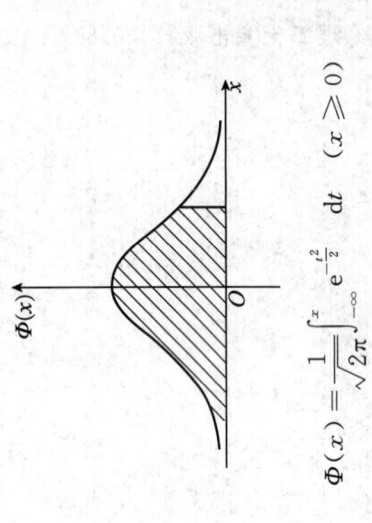

$$\Phi(x) = \frac{1}{\sqrt{2\pi}} \int_{-\infty}^{x} e^{-\frac{t^2}{2}}\, dt \quad (x \geq 0)$$

x	0.00	0.01	0.02	0.03	0.04	0.05	0.06	0.07	0.08	0.09
0.0	0.500 0	0.504 0	0.508 0	0.512 0	0.516 0	0.519 9	0.523 9	0.527 9	0.531 9	0.535 9
0.1	0.539 8	0.543 8	0.547 8	0.551 7	0.555 7	0.559 6	0.563 6	0.567 5	0.571 4	0.575 3
0.2	0.579 3	0.583 2	0.587 1	0.591 0	0.594 8	0.598 7	0.602 6	0.606 4	0.610 3	0.614 1
0.3	0.617 9	0.621 7	0.625 5	0.629 3	0.633 1	0.636 8	0.640 4	0.644 3	0.648 0	0.651 7
0.4	0.655 4	0.659 1	0.662 8	0.666 4	0.670 0	0.673 6	0.677 2	0.680 8	0.684 4	0.687 9
0.5	0.691 5	0.695 0	0.698 5	0.701 9	0.705 4	0.708 8	0.712 3	0.715 7	0.719 0	0.722 4
0.6	0.725 7	0.729 1	0.732 4	0.735 7	0.738 9	0.742 2	0.745 4	0.748 6	0.751 7	0.754 9
0.7	0.758 0	0.761 1	0.764 2	0.767 3	0.770 3	0.773 4	0.776 4	0.779 4	0.782 3	0.785 2
0.8	0.788 1	0.791 0	0.793 9	0.796 7	0.799 5	0.802 3	0.805 1	0.807 8	0.810 6	0.813 3
0.9	0.815 9	0.818 6	0.821 2	0.823 8	0.826 4	0.828 9	0.831 5	0.834 0	0.836 5	0.838 9

续表

x	0.00	0.01	0.02	0.03	0.04	0.05	0.06	0.07	0.08	0.09
1.0	0.8413	0.8438	0.8461	0.8485	0.8508	0.8531	0.8554	0.8577	0.8599	0.8621
1.1	0.8643	0.8665	0.8686	0.8708	0.8729	0.8749	0.8770	0.8790	0.8810	0.8830
1.2	0.8849	0.8869	0.8888	0.8907	0.8925	0.8944	0.8962	0.8980	0.8997	0.9015
1.3	0.9032	0.9049	0.9066	0.9082	0.9099	0.9115	0.9131	0.9147	0.9162	0.9177
1.4	0.9192	0.9207	0.9222	0.9236	0.9251	0.9265	0.9279	0.9292	0.9306	0.9319
1.5	0.9332	0.9345	0.9357	0.9370	0.9382	0.9394	0.9406	0.9418	0.9430	0.9441
1.6	0.9452	0.9463	0.9474	0.9484	0.9495	0.9505	0.9515	0.9525	0.9535	0.9535
1.7	0.9554	0.9564	0.9573	0.9582	0.9591	0.9599	0.9608	0.9616	0.9625	0.9633
1.8	0.9641	0.9648	0.9656	0.9664	0.9672	0.9678	0.9686	0.9693	0.9700	0.9706
1.9	0.9713	0.9719	0.9726	0.9732	0.9738	0.9744	0.9750	0.9756	0.9762	0.9767
2.0	0.9772	0.9778	0.9783	0.9788	0.9793	0.9798	0.9803	0.9808	0.9812	0.9817
2.1	0.9821	0.9826	0.9830	0.9834	0.9838	0.9842	0.9846	0.9850	0.9854	0.9857
2.2	0.9861	0.9864	0.9868	0.9871	0.9874	0.9878	0.9881	0.9884	0.9887	0.9890
2.3	0.9893	0.9896	0.9898	0.9901	0.9904	0.9906	0.9909	0.9911	0.9913	0.9916
2.4	0.9918	0.9920	0.9922	0.9925	0.9927	0.9929	0.9931	0.9932	0.9934	0.9936
2.5	0.9938	0.9940	0.9941	0.9943	0.9945	0.9946	0.9948	0.9949	0.9951	0.9952
2.6	0.9953	0.9955	0.9956	0.9957	0.9959	0.9960	0.9961	0.9962	0.9963	0.9964
2.7	0.9965	0.9966	0.9967	0.9968	0.9969	0.9970	0.9971	0.9972	0.9973	0.9974
2.8	0.9974	0.9975	0.9976	0.9977	0.9977	0.9978	0.9979	0.9979	0.9980	0.9981
2.9	0.9981	0.9982	0.9982	0.9984	0.9984	0.9984	0.9985	0.9985	0.9986	0.9986

x	0.0	0.1	0.2	0.3	0.4	0.5	0.6	0.7	0.8	0.9
3	0.9987	0.9990	0.9993	0.9995	0.9997	0.9998	0.9998	0.9999	0.9999	1.0000

附录 2 t 分布的双侧临界值表

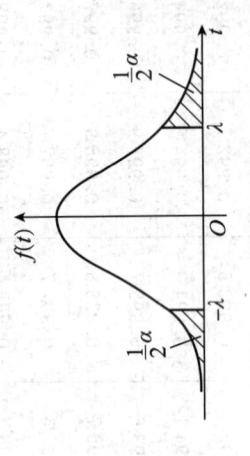

$P(|t| > t_\alpha) = \alpha$

n	$\alpha=0.9$	0.8	0.7	0.6	0.5	0.4	0.3	0.2	0.1	0.05	0.02	0.01	0.001	n
1	0.158	0.325	0.510	0.727	1.000	1.376	1.963	3.078	6.314	12.706	31.821	63.657	636.619	1
2	0.142	0.289	0.445	0.617	0.816	1.061	1.386	1.886	2.920	4.303	6.965	9.925	31.598	2
3	0.137	0.277	0.424	0.584	0.765	0.978	1.250	1.638	2.353	3.182	4.541	5.841	12.924	3
4	0.134	0.271	0.414	0.569	0.741	0.941	1.190	1.533	2.132	2.776	3.747	4.604	8.610	4
5	0.132	0.267	0.408	0.559	0.727	0.920	1.156	1.476	2.015	2.571	3.365	4.032	6.859	5
6	0.131	0.265	0.404	0.553	0.718	0.906	1.134	1.440	1.943	2.447	3.143	3.707	5.959	6
7	0.130	0.263	0.402	0.549	0.711	0.896	1.119	1.415	1.895	2.365	2.998	3.499	5.405	7
8	0.130	0.262	0.399	0.546	0.706	0.889	1.108	1.397	1.860	2.306	2.896	3.355	5.041	8
9	0.129	0.261	0.398	0.543	0.703	0.883	1.100	1.383	1.833	2.62	2.821	3.250	4.781	9
10	0.129	0.260	0.397	0.542	0.700	0.879	1.093	1.372	1.812	2.228	2.764	3.169	4.587	10
11	0.129	0.260	0.396	0.540	0.697	0.876	1.088	1.363	1.796	2.201	2.718	3.106	4.437	11
12	0.128	0.259	0.395	0.539	0.695	0.873	1.083	1.356	1.782	2.179	2.681	3.055	4.318	12

续表

n	$\alpha=0.9$	0.8	0.7	0.6	0.5	0.4	0.3	0.2	0.1	0.05	0.02	0.01	0.001	n
13	0.128	0.259	0.394	0.538	0.694	0.870	1.079	1.350	1.771	2.160	2.650	3.012	4.221	13
14	0.128	0.258	0.393	0.537	0.692	0.868	1.076	1.345	1.761	2.145	2.624	2.977	4.140	14
15	0.128	0.258	0.393	0.536	0.691	0.866	1.074	1.341	1.753	2.131	2.602	2.947	4.073	15
16	0.128	0.258	0.392	0.535	0.690	0.865	1.071	1.337	1.746	2.120	2.583	2.921	4.015	16
17	0.128	0.257	0.392	0.534	0.689	0.683	1.069	1.333	1.740	2.110	2.567	2.898	3.965	17
18	0.127	0.257	0.392	0.534	0.688	0.862	1.067	1.330	1.734	2.101	2.552	2.878	3.922	18
19	0.127	0.257	0.391	0.533	0.688	0.861	1.066	1.328	1.729	2.093	2.539	2.861	3.883	19
20	0.127	0.257	0.391	0.533	0.687	0.860	1.064	1.325	1.725	2.086	2.528	2.845	3.850	20
21	0.127	0.257	0.391	0.532	0.686	0.859	1.063	1.323	1.721	2.080	2.518	2.831	3.819	21
22	0.127	0.256	0.390	0.532	0.686	0.858	1.061	1.321	1.717	2.074	2.508	2.819	3.792	22
23	0.127	0.256	0.390	0.532	0.685	0.858	1.060	1.319	1.714	2.069	2.500	2.807	3.767	23
24	0.127	0.256	0.390	0.531	0.685	0.857	1.059	1.318	1.711	2.064	2.492	2.797	3.745	24
25	0.127	0.256	0.390	0.531	0.684	0.856	1.058	1.316	1.708	2.060	2.485	2.787	3.725	25
26	0.127	0.256	0.390	0.531	0.684	0.856	1.058	1.315	1.706	2.056	2.479	2.779	3.707	26
27	0.127	0.256	0.389	0.531	0.684	0.855	1.057	1.314	1.703	2.052	2.473	2.771	3.690	27
28	0.127	0.256	0.389	0.530	0.683	0.855	1.056	1.313	1.701	2.048	2.467	2.763	3.674	28
29	0.127	0.256	0.389	0.530	0.683	0.854	1.055	1.311	1.699	2.045	2.462	2.756	3.659	29
30	0.127	0.256	0.389	0.530	0.683	0.854	1.055	1.310	1.697	2.042	2.457	2.750	3.646	30
40	0.126	0.255	0.388	0.529	0.681	0.851	1.050	1.303	1.684	2.021	2.423	2.704	3.550	40
60	0.126	0.254	0.387	0.527	0.679	0.848	1.046	1.296	1.671	2.000	2.390	2.660	3.460	60
120	0.126	0.254	0.386	0.526	0.677	0.845	1.041	1.289	1.658	1.980	2.358	2.617	3.373	120
∞	0.126	0.253	0.385	0.524	0.674	0.842	1.036	1.282	1.645	1.960	2.326	2.576	3.291	∞

附录 3 χ^2 分布的上侧临界值表

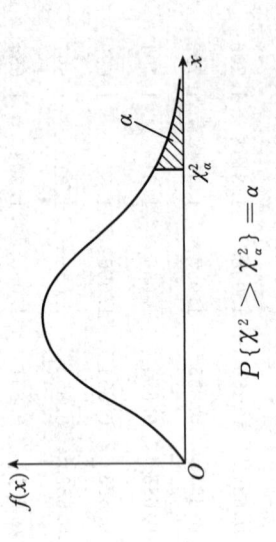

$$P\{\chi^2 > \chi_\alpha^2\} = \alpha$$

n	α=0.99	0.98	0.95	0.90	0.80	0.70	0.50	0.30	0.20	0.10	0.05	0.02	0.01	0.001	n
1	—	0.001	0.004 0	0.015 8	0.064 2	0.148	0.455	1.074	1.642	2.706	3.841	5.412	6.635	10.828	1
2	0.020 1	0.040 4	0.103	0.211	0.446	0.713	1.386	2.408	3.219	4.605	5.991	7.824	9.210	13.816	2
3	0.115	0.185	0.352	0.584	1.005	1.424	2.366	3.665	4.642	6.251	7.815	9.837	11.345	16.266	3
4	0.297	0.429	0.711	1.064	1.649	2.195	3.357	4.878	5.989	7.779	9.488	11.668	12.277	18.467	4
5	0.554	0.752	1.145	1.610	2.343	3.000	4.351	6.064	7.289	9.236	11.070	13.388	15.068	20.515	5
6	0.872	1.134	1.635	2.204	3.070	3.828	5.348	7.231	8.558	10.645	12.592	15.033	16.812	22.458	6
7	1.239	1.564	2.167	2.833	3.822	4.671	6.346	8.383	9.803	12.071	14.067	16.622	18.475	24.322	7
8	1.646	2.032	2.733	3.490	4.594	5.527	7.344	9.524	11.030	13.362	15.507	18.168	20.090	26.125	8
9	2.088	2.532	3.325	4.168	5.380	6.393	8.343	10.656	12.242	14.684	16.919	19.679	21.666	27.877	9
10	2.558	3.059	3.940	4.865	6.179	7.267	9.342	11.781	13.442	15.987	18.307	21.161	23.209	29.588	10
11	3.053	3.609	4.575	5.578	6.989	8.148	10.341	12.899	14.631	17.257	19.675	22.618	24.725	21.264	11

续表

n	$\alpha=0.99$	0.98	0.95	0.90	0.80	0.70	0.50	0.30	0.20	0.10	0.05	0.02	0.01	0.001	n
12	3.571	4.178	5.226	6.304	7.807	9.034	11.340	14.011	15.812	18.549	21.026	24.054	25.217	32.091	12
13	4.107	4.765	5.892	7.042	8.634	9.926	12.340	15.119	16.985	19.812	22.362	25.472	27.688	34.528	13
14	4.660	5.368	6.571	7.790	9.467	10.821	13.339	16.222	18.151	21.064	23.685	26.873	29.141	36.123	14
15	5.229	5.985	7.261	8.547	10.307	11.721	14.339	17.322	19.311	22.307	24.996	28.259	30.578	37.697	15
16	5.812	6.614	7.962	9.312	11.152	12.624	15.338	18.418	20.465	23.542	26.296	29.633	32.000	39.252	16
17	6.408	7.255	8.672	10.085	12.002	13.531	16.338	19.511	21.615	24.769	27.587	30.995	33.409	40.790	17
18	7.015	7.906	9.390	10.865	12.857	14.440	17.338	20.601	22.760	25.989	28.869	32.346	34.805	42.312	18
19	7.633	8.567	10.117	11.651	13.716	15.352	18.338	21.689	23.900	27.204	30.144	33.687	36.191	43.820	19
20	8.260	9.237	10.851	12.443	14.578	16.266	19.337	22.775	25.038	28.412	31.410	35.020	37.566	45.315	20
21	8.897	9.915	11.591	13.240	15.445	17.182	20.337	23.858	26.171	29.615	32.671	36.343	38.932	46.797	21
22	9.542	10.600	12.338	14.041	16.314	18.101	21.337	24.939	27.301	30.813	33.924	37.659	40.289	48.268	22
23	10.196	11.293	13.091	14.848	17.187	19.021	22.337	26.018	28.429	32.007	35.172	38.968	41.638	49.728	23
24	10.856	11.992	13.848	15.659	18.062	19.943	23.337	27.096	29.553	33.196	36.415	40.270	42.980	51.179	24
25	11.524	12.697	14.611	16.473	18.940	20.867	24.337	28.172	30.675	34.382	37.652	41.566	44.314	52.618	25
26	12.198	13.409	15.379	17.292	19.820	21.792	25.336	29.246	31.795	35.563	38.885	42.856	45.642	54.052	26
27	12.879	14.125	16.151	18.114	20.703	22.719	26.336	30.319	32.912	36.741	40.113	44.140	46.963	55.476	27
28	13.565	14.847	16.928	18.939	21.588	23.647	27.336	31.391	34.027	37.916	41.337	45.419	48.278	56.893	28
29	14.256	15.574	17.708	19.768	22.475	24.577	28.336	32.461	35.139	39.087	42.557	46.693	49.588	58.301	29
30	14.953	16.306	18.493	20.599	23.364	25.508	29.336	33.530	36.250	40.256	43.773	47.962	50.892	59.703	30

附录 4 F 分布的临界值（F_α）表

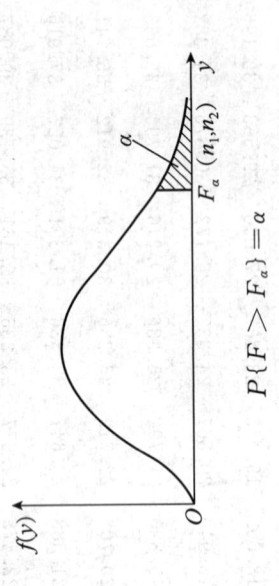

$$P\{F > F_\alpha\} = \alpha$$

$\alpha = 0.01$

n_2 \ n_1	1	2	3	4	5	6	7	8	9	10	15	20	30	50	100	200	500	∞	n_2
1	39.9	49.5	53.6	55.8	57.2	58.2	58.9	59.4	59.9	60.2	61.2	61.7	62.3	62.7	63.0	63.2	63.3	63.3	1
2	8.53	9.00	9.16	9.24	9.29	9.39	9.35	9.37	9.38	9.39	9.42	9.44	9.46	9.47	9.48	9.49	9.49	9.49	2
3	5.54	4.46	5.39	5.34	5.31	5.28	5.27	5.25	5.24	5.23	5.20	5.18	5.17	5.15	5.14	5.14	5.14	5.13	3
4	4.54	4.32	4.19	4.11	4.05	4.01	3.98	3.95	3.94	3.92	3.87	3.84	3.82	3.80	3.78	3.77	3.76	3.76	4
5	4.06	3.78	3.62	3.52	3.45	3.40	3.37	3.34	3.32	3.30	3.24	3.21	3.17	3.15	3.13	3.12	3.11	3.10	5
6	3.78	3.46	3.29	3.18	3.11	3.05	3.01	2.98	2.96	2.94	2.87	2.84	2.80	2.77	2.75	2.73	2.73	2.72	6
7	3.59	3.26	3.07	2.96	2.83	2.83	2.78	2.75	2.72	2.70	2.63	2.59	2.56	2.52	2.50	2.48	2.48	2.47	7
8	3.46	3.11	2.92	2.81	2.73	2.67	2.62	2.59	2.56	2.54	2.46	2.42	2.38	2.35	2.32	2.31	2.30	2.29	8
9	3.36	3.01	2.81	2.69	2.61	2.55	2.51	2.47	2.44	2.42	2.34	2.30	2.25	2.22	2.19	2.17	2.17	2.16	9
10	3.28	2.95	22.73	2.61	2.52	2.46	2.41	2.38	2.35	2.32	2.24	2.20	2.16	2.12	2.09	2.07	2.06	2.06	0
11	3.23	2.86	2.66	2.54	2.45	2.39	2.34	2.30	2.27	2.25	2.17	2.12	2.08	2.04	2.00	1.99	1.98	1.97	11

续表

n_2	n_1 1	2	3	4	5	6	7	8	9	10	15	20	30	50	100	200	500	∞	n_2
12	3.18	2.81	2.61	2.48	2.39	2.33	2.28	2.24	2.21	2.19	2.10	2.06	2.01	1.97	1.94	1.92	1.91	1.90	12
13	3.14	2.76	2.56	2.43	2.35	2.28	2.23	2.20	2.16	2.14	2.05	2.01	1.96	1.92	1.88	1.86	1.85	1.85	13
14	3.10	2.73	2.52	2.39	2.31	2.24	2.19	2.15	2.12	2.10	2.01	1.96	1.91	1.87	1.83	1.82	1.80	1.80	14
15	3.07	2.70	2.49	2.36	2.27	2.21	2.16	2.12	2.09	2.06	1.97	1.92	1.87	1.83	1.79	1.77	1.76	1.76	15
16	3.05	2.67	2.46	2.33	2.24	2.18	2.13	2.09	2.06	2.03	1.94	1.89	1.84	1.79	1.76	1.74	1.73	1.72	16
17	3.03	2.64	2.44	2.31	2.22	2.15	2.10	2.06	2.03	2.00	1.91	1.86	1.81	1.76	1.73	1.71	1.69	1.69	17
18	3.01	2.62	2.42	2.29	2.20	2.13	2.08	2.04	2.00	1.98	1.89	1.84	1.78	1.74	1.70	1.68	1.67	1.66	18
19	2.99	2.61	2.40	2.27	2.18	2.11	2.06	2.02	1.98	1.96	1.86	1.81	1.76	1.71	1.67	1.65	1.64	1.63	19
20	2.97	2.59	2.38	2.25	2.16	2.09	2.04	2.00	1.96	1.94	1.84	1.79	1.74	1.69	1.65	1.63	1.62	1.61	20
22	2.95	2.56	2.35	2.22	2.13	2.06	2.01	1.97	1.93	1.90	1.81	1.76	1.70	1.65	1.61	1.59	1.58	1.57	22
24	2.93	2.54	2.33	2.19	2.10	2.04	1.98	1.94	1.91	1.88	1.78	1.73	1.67	1.62	1.58	1.56	1.54	1.53	24
26	2.91	2.52	2.31	2.17	2.08	2.01	1.96	1.92	1.88	1.86	1.76	1.71	1.65	1.59	1.55	1.53	1.51	1.50	26
28	2.89	2.50	2.29	2.16	2.06	2.00	1.94	1.90	1.87	1.84	1.74	1.69	1.63	1.57	1.53	1.50	1.49	1.48	28
30	2.88	2.49	2.28	2.14	2.05	1.98	1.93	1.88	1.85	1.82	1.72	1.67	1.61	1.55	1.51	1.48	1.47	1.46	30
40	2.84	2.44	2.23	2.09	2.00	1.93	1.87	1.83	1.79	1.76	1.66	1.61	1.54	1.48	1.43	1.41	1.39	1.38	40
50	2.81	2.41	2.20	2.06	1.97	1.90	1.84	1.80	1.76	1.73	1.63	1.57	1.50	1.44	1.39	1.36	1.34	1.33	50
60	2.79	2.39	2.18	2.04	1.95	1.87	1.82	1.77	1.74	1.71	1.60	1.54	1.48	1.41	1.36	1.33	1.31	1.29	60
80	2.77	2.37	2.15	2.02	1.92	1.85	1.79	1.75	1.71	1.68	1.57	1.51	1.44	1.38	1.32	1.28	1.26	1.24	80
100	2.76	2.36	2.14	2.00	1.91	1.83	1.78	1.73	1.70	1.66	1.56	1.49	1.42	1.35	1.29	1.26	1.23	1.21	100
200	2.73	2.33	2.11	1.97	1.88	1.80	1.75	1.70	1.66	1.63	1.52	1.46	1.38	1.31	1.24	1.20	1.17	1.14	200
500	2.72	2.31	2.10	1.96	1.86	1.79	1.73	1.68	1.64	1.61	1.50	1.44	1.36	1.28	1.21	1.16	1.12	1.09	500
∞	2.71	2.30	2.08	1.94	1.85	1.77	1.72	1.67	1.63	1.60	1.49	1.42	1.34	1.26	1.18	1.13	1.03	1.00	∞

$\alpha = 0.05$

n_2 \ n_1	1	2	3	4	5	6	7	8	9	10	12	14	16	18	20	n_2
1	161	200	216	225	230	234	237	239	241	242	244	245	246	247	248	1
2	18.5	19.0	19.2	19.2	19.3	19.3	19.4	19.4	19.4	19.4	19.4	19.4	19.4	19.4	19.4	2
3	10.1	9.55	9.28	9.12	9.01	8.94	8.89	8.85	8.81	8.79	8.74	8.71	8.69	8.67	8.66	3
4	7.71	6.94	6.59	6.39	6.26	6.16	6.09	6.04	6.00	5.96	5.91	5.87	5.84	5.82	5.80	4
5	6.61	5.79	5.41	5.19	5.05	4.95	4.88	4.82	4.77	4.74	4.68	4.64	4.60	4.58	4.56	5
6	5.99	5.14	4.76	4.53	4.39	4.28	4.21	4.15	4.10	4.06	4.00	3.96	3.29	3.90	3.87	6
7	5.59	4.74	4.35	4.12	3.97	3.87	3.79	3.73	3.68	3.64	3.57	3.53	3.49	3.47	3.44	7
8	5.32	4.46	4.07	3.84	3.69	3.58	3.50	3.44	3.39	3.35	3.28	3.24	3.20	3.17	3.15	8
9	5.12	4.26	3.86	3.63	3.48	3.37	3.29	3.23	3.18	3.14	3.07	3.03	2.99	2.96	2.94	9
10	4.96	4.10	3.71	3.48	3.38	3.82	3.14	3.07	3.02	2.98	2.91	2.86	2.83	2.80	2.77	10
11	4.84	3.98	3.59	3.36	3.20	3.09	3.01	2.95	2.90	2.85	2.79	2.74	2.70	2.67	2.65	11
12	4.75	3.89	3.49	3.26	3.11	3.00	2.91	2.85	2.80	2.75	2.69	2.64	2.60	2.57	2.54	12
13	4.67	3.81	3.41	3.18	3.03	2.92	2.83	2.77	2.71	2.67	2.60	2.55	2.51	2.48	2.46	13
14	4.60	3.74	3.34	3.11	2.96	2.85	2.76	2.70	2.65	2.60	2.53	2.48	2.44	2.41	2.39	14
15	4.54	3.68	3.29	3.06	2.90	2.79	2.71	2.64	2.59	2.54	2.48	2.42	2.38	2.35	2.33	15
16	4.49	3.63	3.24	3.01	2.85	2.74	2.66	2.59	2.54	2.49	2.42	2.37	2.33	2.30	2.28	16
17	4.45	3.59	3.20	2.96	2.81	2.70	2.61	2.55	2.49	2.45	2.38	2.33	2.29	2.26	2.23	17
18	4.41	3.55	3.16	2.93	2.77	2.66	2.58	2.51	2.46	2.41	2.34	2.29	2.25	2.22	2.19	18
19	4.38	3.52	3.13	2.90	2.74	2.63	2.54	2.48	2.42	2.38	2.31	2.26	2.21	2.18	2.16	19
20	4.35	3.49	3.10	2.87	2.71	2.60	2.51	2.45	2.39	2.35	2.28	2.22	2.18	2.15	2.12	20
21	4.31	3.47	3.07	2.84	2.68	2.57	2.49	2.42	2.37	2.32	2.25	2.20	2.16	2.12	2.10	21
22	4.30	3.44	3.05	2.82	2.66	2.55	2.46	2.40	2.37	2.30	2.23	2.17	2.13	2.10	2.07	22
23	4.28	3.42	3.03	2.80	2.64	2.53	2.44	2.37	2.32	2.27	2.20	2.15	2.11	2.07	2.05	23
24	4.26	3.40	3.01	2.78	2.62	2.51	2.42	2.36	2.30	2.25	2.18	2.13	2.09	2.05	2.03	24
25	4.24	3.39	2.09	2.76	2.60	2.49	2.40	2.34	2.28	2.24	2.16	2.11	2.07	2.04	2.01	25

续表

n_2 \ n_1	1	2	3	4	5	6	7	8	9	10	12	14	16	18	20	n_2
26	4.23	3.37	2.98	2.74	2.59	2.47	2.39	2.32	2.27	2.22	2.15	2.09	2.05	2.02	1.99	26
27	4.21	3.35	2.96	2.73	2.57	2.46	2.37	2.31	2.25	2.20	2.13	2.08	2.04	2.00	1.97	27
28	4.20	3.34	2.95	2.71	2.56	2.45	2.36	2.29	2.24	2.19	2.12	2.06	2.02	1.99	1.96	28
29	4.18	3.33	2.93	2.70	2.55	2.43	2.35	2.28	2.22	2.18	2.10	2.05	2.01	1.97	1.94	29
30	4.17	3.32	2.92	2.69	2.53	2.42	2.33	2.27	2.21	2.16	2.09	2.04	1.99	1.96	1.93	30
32	4.15	3.29	2.90	2.67	2.51	2.40	2.31	2.24	2.19	2.14	2.07	2.01	1.97	1.94	1.91	32
34	4.13	3.28	2.88	2.65	2.49	2.38	2.29	2.23	2.17	2.12	2.05	1.99	1.95	1.92	1.89	34
36	4.11	3.26	2.87	2.63	2.48	2.36	2.28	2.21	2.15	2.11	2.03	1.98	1.93	1.90	1.87	36
38	4.10	3.24	2.85	2.62	2.46	2.35	2.26	2.19	2.14	2.09	2.02	1.96	1.92	1.88	1.85	38
40	4.08	3.23	2.84	2.61	2.45	2.34	2.25	2.18	2.12	2.08	2.00	1.95	1.90	1.87	1.84	40
42	4.07	3.22	2.83	2.59	2.44	2.32	2.24	2.17	2.11	2.06	1.99	1.93	1.89	1.86	1.83	42
44	4.06	3.21	2.82	2.58	2.43	2.31	2.23	2.16	2.10	2.05	1.98	1.92	1.88	1.84	1.81	44
46	4.05	3.20	2.81	2.57	2.42	2.30	2.22	2.15	2.09	2.04	1.97	1.91	1.87	1.83	1.80	46
48	4.04	3.19	2.80	2.57	2.41	2.29	2.21	2.14	2.08	2.03	1.96	1.90	1.86	1.82	1.79	48
50	4.03	3.18	2.79	2.56	2.40	2.29	2.20	2.13	2.07	2.03	1.95	1.89	1.85	1.81	1.78	50
60	4.00	3.15	2.76	2.53	2.37	2.25	2.17	2.10	2.04	1.99	1.92	1.86	1.82	1.78	1.75	60
80	3.96	3.11	2.72	2.49	2.33	2.21	2.13	2.06	2.00	1.95	1.88	1.82	1.77	1.73	1.70	80
100	3.94	3.09	2.70	2.46	2.31	2.19	2.10	2.03	1.97	1.93	1.85	1.79	1.75	1.71	1.68	100
125	3.92	3.07	2.68	2.44	2.29	2.17	2.08	2.01	1.96	1.91	1.83	1.77	1.72	1.69	1.65	125
150	3.90	3.06	2.66	2.43	2.27	2.16	2.07	2.00	1.94	1.89	1.82	1.76	1.71	1.67	1.64	150
200	3.89	3.04	2.65	2.42	2.26	2.14	2.06	1.98	1.93	1.88	1.80	1.74	1.69	1.66	1.62	200
300	3.87	3.03	2.63	2.40	2.24	2.13	2.04	1.97	1.91	1.86	1.78	1.72	1.68	1.64	1.61	300
500	3.86	3.01	2.62	2.39	2.23	2.12	2.03	1.96	1.90	1.85	1.77	1.71	1.66	1.62	1.59	500
1 000	3.85	3.00	2.61	2.38	2.22	2.11	2.02	1.95	1.89	1.84	1.76	1.70	1.65	1.61	1.58	1 000
∞	3.84	3.00	2.60	2.37	2.21	2.10	2.01	1.94	1.88	1.83	1.75	1.69	1.64	1.60	1.57	∞

$\alpha = 0.05$

n_2 \ n_1	22	24	26	28	30	35	40	45	50	60	80	100	200	500	∞	n_2
1	249	249	249	250	250	251	251	251	252	252	252	253	254	254	254	1
2	19.5	18.5	19.5	19.5	19.5	19.5	19.5	19.5	19.5	19.5	19.5	19.5	19.5	19.5	19.5	2
3	8.65	8.64	8.63	8.62	8.62	8.60	8.59	8.59	8.58	8.57	8.56	8.55	8.64	8.63	8.53	3
4	5.79	5.77	5.76	5.75	5.75	5.73	5.72	5.71	5.70	5.69	5.67	5.66	5.65	5.64	5.63	4
5	4.54	4.53	4.52	4.50	4.50	4.48	4.46	4.45	4.44	4.43	4.41	4.41	4.39	4.37	4.37	5
6	3.86	3.84	3.83	3.82	3.81	3.79	3.77	3.76	3.75	3.74	3.72	3.71	3.69	3.68	3.67	6
7	3.43	3.41	3.40	3.39	3.38	3.36	3.34	3.33	3.32	3.30	3.29	3.27	3.25	3.24	3.23	7
8	3.13	3.12	3.10	3.09	3.08	3.06	3.04	3.03	3.02	3.01	2.99	2.97	2.95	2.94	2.93	8
9	2.92	2.90	2.89	2.87	2.86	2.84	2.83	2.814	2.80	2.79	2.77	2.76	2.73	2.72	2.71	9
10	2.75	2.74	2.72	2.71	2.70	2.68	2.66	2.65	2.64	2.62	2.60	2.59	2.56	2.55	2.54	10
11	2.63	2.61	2.59	2.58	2.57	2.55	2.53	2.52	2.51	2.49	2.47	2.46	2.43	2.42	2.40	11
12	2.52	2.51	2.49	2.48	2.47	2.44	2.43	2.41	2.40	2.38	2.36	2.35	2.32	2.31	2.30	12
13	2.44	2.42	2.41	2.39	2.38	2.36	2.34	2.33	2.31	2.30	2.27	2.26	2.23	2.22	2.21	13
14	2.37	2.35	2.33	2.32	2.31	2.28	2.27	2.25	2.24	2.22	2.20	2.19	2.16	2.14	2.13	14
15	2.31	2.29	2.27	2.26	2.25	2.22	2.20	2.19	2.18	2.16	2.14	2.12	2.10	2.08	2.07	15
16	2.25	2.24	2.22	2.21	2.19	2.17	2.15	2.14	2.12	2.11	2.08	2.07	2.04	2.02	2.01	16
17	2.21	2.19	2.17	2.16	2.15	2.12	2.10	2.09	2.08	2.06	2.03	2.02	1.99	1.97	1.96	17
18	2.17	2.15	2.13	2.12	2.11	2.08	2.06	2.05	2.04	2.02	1.99	1.98	1.95	1.93	1.92	18
19	2.13	2.11	2.10	2.08	2.07	2.05	2.03	2.01	2.00	1.98	1.96	1.94	1.91	1.89	1.88	19
20	2.10	2.08	2.07	2.05	2.04	2.01	1.99	1.98	1.97	1.95	1.92	1.91	1.88	1.86	1.84	20
21	2.07	2.05	2.04	2.02	2.01	1.98	1.96	1.95	1.94	1.92	1.89	1.88	1.84	1.82	1.81	21
22	2.05	2.03	2.01	2.00	1.98	1.96	1.94	1.92	1.91	1.89	1.86	1.85	1.82	1.80	1.78	22
23	2.02	2.00	1.99	1.97	1.96	1.93	1.91	1.90	1.88	1.86	1.84	1.82	1.79	1.77	1.76	23
24	2.00	1.98	1.97	1.95	1.94	1.91	1.89	1.88	1.86	1.84	1.82	1.80	1.77	1.75	1.73	24
25	1.98	1.96	1.95	1.93	1.92	1.89	1.87	1.86	1.84	1.82	1.80	1.78	1.75	1.73	1.71	25

续表

n_2 \ n_1	22	24	26	28	30	35	40	45	50	60	80	100	200	500	∞	n_2
26	1.97	1.95	1.93	1.97	1.90	1.87	1.85	1.84	1.82	1.80	1.78	1.76	1.73	1.71	1.69	26
27	1.95	1.93	1.91	1.90	1.88	1.86	1.84	1.82	1.81	1.79	1.76	1.74	1.71	1.69	1.67	27
28	1.93	1.91	1.90	1.88	1.87	1.84	1.82	1.80	1.79	1.77	1.74	1.73	1.69	1.67	1.65	28
29	1.92	1.90	1.88	1.87	1.85	1.83	1.81	1.79	1.77	1.75	1.73	1.71	1.67	1.65	1.64	29
30	1.91	1.89	1.87	1.85	1.84	1.81	1.79	1.77	1.76	1.74	1.71	1.70	1.66	1.64	1.62	30
32	1.88	1.86	1.85	1.83	1.82	1.79	1.77	1.75	1.74	1.71	1.69	1.67	1.63	1.61	1.59	32
34	1.86	1.84	1.82	1.80	1.80	1.77	1.75	1.73	1.71	1.69	1.66	1.65	1.61	1.59	1.57	34
36	1.85	1.82	1.81	1.79	1.78	1.75	1.73	1.71	1.69	1.65	1.64	1.62	1.59	1.56	1.55	36
38	1.83	1.81	1.79	1.77	1.76	1.73	1.71	1.69	1.68	1.64	1.62	1.61	1.57	1.54	1.53	38
40	1.81	1.79	1.77	1.76	1.74	1.72	1.69	1.67	1.66	1.63	1.61	1.59	1.55	1.53	1.51	40
42	1.80	1.78	1.76	1.74	1.73	1.70	1.68	1.66	1.65	1.62	1.59	1.57	1.63	1.51	1.49	42
44	1.79	1.77	1.75	1.73	1.72	1.69	1.67	1.65	1.63	1.61	1.58	1.56	1.52	1.49	1.48	44
46	1.78	1.76	1.74	1.72	1.71	1.68	1.65	1.64	1.62	1.60	1.57	1.55	1.51	1.48	1.46	46
48	1.77	1.75	1.73	1.71	1.70	1.67	1.64	1.62	1.61	1.59	1.56	1.54	1.49	1.47	1.45	48
50	1.76	1.74	1.72	1.70	1.69	1.66	1.63	1.61	1.60	1.58	1.54	1.52	1.48	1.46	1.44	50
60	1.72	1.70	1.68	1.66	1.65	1.62	1.59	1.57	1.56	1.53	1.50	1.48	1.44	1.41	1.39	60
80	1.68	1.65	1.63	1.62	1.60	1.57	1.54	1.52	1.51	1.48	1.45	1.48	1.38	1.35	1.32	80
100	1.65	1.63	1.61	1.59	1.57	1.54	1.52	1.49	1.48	1.45	1.41	1.39	1.34	1.31	1.28	100
125	1.63	1.60	1.58	1.57	1.55	1.52	1.49	1.47	1.45	1.42	1.39	1.36	1.31	1.27	1.25	125
150	1.61	1.59	1.57	1.55	1.53	1.50	1.48	1.45	1.44	1.41	1.37	1.34	1.29	1.25	1.22	150
200	1.60	1.57	1.55	1.53	1.52	1.48	1.46	1.43	1.41	1.39	1.35	1.32	1.26	1.22	1.19	200
300	1.58	1.55	1.53	1.51	1.50	1.46	1.43	1.41	1.39	1.36	1.32	1.30	1.23	1.19	1.15	300
500	1.56	1.54	1.52	1.50	1.48	1.45	1.42	1.40	1.38	1.34	1.30	1.28	2.21	1.16	1.11	500
1 000	1.55	1.53	1.51	1.49	1.47	1.44	1.41	1.38	1.36	1.33	1.29	1.26	1.19	1.13	1.00	1 000
∞	1.54	1.52	1.50	1.48	1.46	1.42	1.39	1.37	1.35	1.32	1.27	1.24	1.17	1.11	1.00	∞

$\alpha = 0.01$

n_2 \ n_1	1	2	3	4	5	6	7	8	9	10	12	14	16	18	20	n_2
1	405	500	540	563	576	586	593	598	602	606	611	614	617	619	621	1
2	98.5	99.0	99.2	99.2	99.3	99.3	99.4	99.4	99.4	99.4	99.4	99.4	99.4	99.4	99.4	2
3	34.1	30.8	29.5	28.7	28.2	27.9	27.7	27.5	27.3	27.2	27.1	26.9	26.8	26.7	26.7	3
4	21.2	18.0	16.7	16.0	15.5	15.2	15.0	14.8	14.7	14.5	14.4	14.2	14.2	14.1	14.0	4
5	16.3	13.3	12.1	11.4	11.0	10.7	10.5	10.3	10.2	10.1	9.89	9.77	9.68	9.61	9.55	5
6	13.7	10.9	9.78	9.15	8.75	8.47	8.26	8.10	7.98	7.87	7.72	7.60	7.52	7.45	7.40	6
7	12.2	9.55	8.45	7.85	7.46	7.19	6.99	6.84	6.72	6.62	6.47	6.36	6.27	6.21	6.16	7
8	11.3	8.65	7.59	7.01	6.63	6.37	6.18	6.03	5.91	5.81	5.67	5.56	5.48	5.41	5.36	8
9	10.6	8.02	6.99	6.42	6.06	5.80	5.61	5.47	5.35	5.26	5.11	5.00	4.92	4.86	4.81	9
10	10.0	7.56	6.55	5.99	5.64	5.39	5.20	5.06	4.94	4.85	4.71	4.60	4.52	4.46	4.41	10
11	9.65	7.21	6.22	5.67	5.32	5.07	4.89	4.74	4.63	4.54	4.40	4.29	4.21	4.15	4.10	11
12	9.33	6.93	5.95	5.41	5.06	4.82	4.64	4.50	4.39	4.30	4.16	4.05	3.97	3.91	3.86	12
13	9.07	6.70	5.74	5.21	4.86	4.62	4.44	4.30	4.19	4.10	3.96	3.86	3.78	3.71	3.66	13
14	8.86	6.51	5.56	5.04	4.70	4.46	4.28	4.14	4.03	3.94	3.80	3.70	3.62	3.56	3.51	14
15	8.68	6.36	5.42	4.89	4.56	4.32	4.14	4.00	3.89	3.80	3.67	3.56	3.49	3.42	3.37	15
16	8.53	6.23	5.29	4.77	4.44	4.20	4.03	3.89	3.78	3.69	3.55	3.45	3.37	3.31	3.26	16
17	8.40	6.11	5.18	4.67	4.34	4.10	3.93	3.79	3.68	3.59	3.46	3.35	3.27	3.21	3.16	17
18	8.29	6.01	5.09	4.58	4.25	4.01	3.84	3.71	3.60	3.51	3.37	3.27	3.19	3.13	3.08	18
19	8.18	5.93	5.01	4.50	4.17	3.94	3.77	3.63	3.52	3.43	3.30	3.19	3.12	3.05	3.00	19
20	8.10	5.85	4.94	4.43	4.10	3.87	3.70	3.56	3.46	3.37	3.23	3.13	3.05	2.99	2.94	20
21	8.02	5.78	4.87	4.37	4.04	3.81	3.64	3.51	3.40	3.31	3.17	3.07	2.99	2.93	2.88	20
22	7.95	5.72	4.82	4.31	3.99	3.76	3.59	3.45	3.35	3.26	3.12	3.02	2.94	2.88	2.83	22
23	7.88	5.66	4.76	4.26	3.94	3.71	3.54	3.41	3.30	3.21	3.07	2.97	2.89	2.83	2.78	23
24	7.82	5.61	4.72	4.22	3.90	3.67	3.50	3.36	3.26	3.17	3.03	2.93	2.85	2.79	2.74	24
25	7.77	5.57	4.68	4.18	3.86	3.63	3.46	3.32	3.22	3.13	2.99	2.89	2.81	2.75	2.70	25

续表

n_2	n_1 = 1	2	3	4	5	6	7	8	9	10	12	14	16	18	20	n_2
26	7.72	5.53	4.64	4.14	3.82	3.59	3.42	3.29	3.18	3.09	2.96	2.86	2.78	2.72	2.66	26
27	7.68	5.49	4.60	4.11	3.78	3.56	3.39	3.26	3.15	3.06	2.93	2.82	2.75	2.68	2.63	27
28	7.64	5.45	4.57	4.07	3.75	3.53	3.36	3.23	3.12	3.03	2.90	2.79	2.72	2.65	2.60	28
29	7.60	5.42	4.54	4.04	3.73	3.50	3.33	3.20	3.09	3.00	2.87	2.77	2.69	2.63	2.57	29
30	7.56	5.39	4.51	4.02	3.70	3.47	3.30	3.17	3.07	2.98	2.84	2.74	2.66	2.60	2.55	30
32	7.50	5.34	4.46	3.97	3.65	3.43	3.26	3.13	3.02	2.93	2.80	2.70	2.62	2.55	2.50	32
34	7.44	5.29	4.42	3.93	3.61	3.39	3.22	3.09	2.98	2.89	2.76	2.66	2.58	2.51	2.46	34
36	7.40	5.25	4.38	3.89	3.57	3.35	3.18	3.05	2.95	2.86	2.72	2.62	2.54	2.48	2.43	36
38	7.35	5.21	4.34	3.86	3.54	3.32	3.15	3.02	2.92	2.83	2.69	2.59	2.51	2.45	2.40	38
40	7.31	5.18	4.31	3.83	3.51	3.29	3.12	2.99	2.89	2.80	2.66	2.56	2.48	2.42	2.37	40
42	7.28	5.15	4.29	3.80	3.49	3.27	3.10	2.97	2.86	2.78	2.64	2.54	2.46	2.40	2.34	42
44	7.25	5.12	4.26	3.78	3.47	3.24	3.08	2.95	2.84	2.75	2.62	2.52	2.44	2.37	2.32	44
46	7.22	5.10	4.24	3.76	3.44	3.22	3.06	2.93	2.82	2.73	2.60	2.50	2.42	2.35	2.30	46
48	7.20	5.08	4.22	3.74	3.43	3.20	3.04	2.91	2.80	2.72	2.58	2.48	2.40	2.33	2.28	48
50	7.17	5.06	4.20	3.72	3.41	3.19	3.02	2.89	2.79	2.70	2.56	2.46	2.38	2.32	2.27	50
60	7.08	4.98	4.13	3.65	3.34	3.12	2.95	2.82	2.72	2.63	2.50	2.39	2.31	2.25	2.20	60
80	6.96	4.88	4.04	3.56	3.26	3.04	2.87	2.74	2.64	2.55	2.42	2.31	2.23	2.17	2.12	80
100	6.90	4.82	3.98	3.51	3.21	2.99	2.82	2.69	2.59	2.50	2.37	2.26	2.19	2.12	2.07	100
125	6.84	4.78	3.94	3.47	3.17	2.95	2.79	2.66	2.55	2.47	2.33	2.23	2.15	2.08	2.03	125
150	6.81	4.75	3.92	3.45	3.14	2.92	2.76	2.63	2.53	2.44	2.31	2.20	2.12	2.06	2.00	150
200	6.76	4.71	3.88	3.41	3.11	2.89	2.73	2.60	2.50	2.41	2.27	2.17	2.09	2.02	1.97	200
300	6.72	4.68	3.85	3.38	3.08	2.86	2.70	2.57	2.47	2.38	2.24	2.14	2.06	1.99	1.94	200
500	6.69	4.65	3.82	3.36	3.05	2.84	2.68	2.55	2.44	2.36	2.22	2.12	2.04	1.97	1.92	500
100	6.66	4.63	3.80	3.34	3.04	2.82	2.66	2.53	2.43	2.34	2.20	2.10	2.02	1.95	1.90	100
∞	6.63	4.61	3.78	3.32	3.02	2.80	2.64	2.51	2.41	2.32	2.18	2.08	2.00	1.93	1.88	∞

$\alpha = 0.01$

n_2 \ n_1	22	24	26	28	30	35	40	45	50	60	80	100	200	500	∞	n_2
1	622	623	624	625	626	628	629	630	630	631	633	633	635	636	637	1
2	99.5	99.5	99.5	99.5	99.5	99.5	99.5	99.5	99.5	99.5	99.5	99.5	99.5	99.5	99.5	2
3	26.6	26.6	26.6	26.5	26.5	26.5	26.4	26.4	26.4	26.3	26.3	26.2	26.2	26.1	26.1	3
4	14.0	13.9	13.9	13.9	13.8	13.8	13.7	13.7	13.7	13.7	13.6	13.6	13.5	13.5	13.5	4
5	9.51	9.47	9.43	9.40	9.38	9.33	9.29	9.26	9.24	9.20	9.16	9.13	9.08	9.04	9.02	5
6	7.35	7.31	7.28	7.25	7.23	7.18	7.14	7.11	7.09	7.06	7.01	6.99	6.93	6.90	6.88	6
7	6.11	6.07	6.04	6.02	5.99	5.94	5.91	5.88	5.86	5.82	5.78	5.75	5.70	5.67	6.65	7
8	5.32	5.28	5.25	5.22	5.20	5.15	5.12	5.00	5.07	5.03	4.99	4.96	4.91	4.88	4.86	8
9	4.77	4.73	4.70	4.67	4.65	4.60	4.57	5.54	4.52	4.48	4.44	4.42	4.36	4.33	4.31	9
10	4.36	4.33	4.30	4.27	4.25	4.20	4.17	5.14	4.12	4.08	4.04	4.01	3.69	3.93	3.91	10
11	4.06	4.02	3.99	3.96	3.94	3.89	3.86	3.83	3.81	3.78	3.73	3.71	3.66	3.62	3.60	11
12	3.852	3.78	3.75	3.72	3.70	3.65	3.62	3.59	3.57	3.54	3.49	3.47	3.41	3.38	3.36	12
13	3.62	3.59	3.56	3.53	3.51	3.46	3.43	3.40	3.38	3.34	3.30	3.27	3.22	3.19	3.17	13
14	3.46	3.43	3.40	3.37	3.35	3.30	3.27	3.24	3.22	3.18	3.14	3.11	3.06	3.03	3.00	14
15	3.33	3.29	3.26	3.24	3.21	3.17	3.13	3.10	3.08	3.05	3.00	2.98	2.92	2.89	2.87	15
16	3.22	3.18	3.15	3.12	3.10	3.05	3.02	2.99	2.97	2.93	2.89	2.86	2.81	2.78	2.75	16
17	3.12	3.08	3.05	3.03	3.00	2.96	2.92	2.89	2.87	2.83	2.79	2.76	2.71	2.68	2.65	17
18	3.03	3.00	2.97	2.94	2.92	2.87	2.84	2.81	2.78	2.75	2.70	2.68	2.62	2.59	2.57	18
19	2.96	2.92	2.89	2.87	2.84	2.80	2.76	2.73	2.71	2.67	2.63	2.60	2.55	2.51	2.49	19
20	2.90	2.86	2.83	2.80	2.78	2.73	2.69	2.67	2.64	2.61	2.56	2.54	2.48	2.44	2.42	20
21	2.84	2.80	2.77	2.74	2.72	2.67	2.64	2.61	2.58	2.55	2.50	2.48	2.42	2.38	2.36	21
22	2.78	2.75	2.72	2.69	2.67	2.62	2.58	2.55	2.53	2.50	2.45	2.42	2.36	2.33	2.31	22
23	2.74	2.70	2.67	2.64	2.62	2.57	2.54	2.51	2.48	2.45	2.40	2.37	2.32	2.28	2.26	23
24	2.70	2.66	2.63	2.60	2.58	2.53	2.49	2.46	2.44	2.40	2.36	2.33	2.27	2.24	2.21	24
25	2.66	2.62	2.59	2.56	2.54	2.49	2.45	2.42	2.40	2.36	2.32	2.29	2.23	2.19	2.17	25

续表

n_2	n_1 22	24	26	28	30	35	40	45	50	60	80	100	200	500	∞	n_2
26	2.62	2.58	2.55	2.53	2.50	2.45	2.42	2.69	2.36	2.33	2.28	2.25	2.19	2.16	2.13	26
27	2.59	2.55	2.52	2.49	2.47	2.42	2.38	2.35	2.33	2.29	2.25	2.22	2.16	2.12	2.10	27
28	2.56	2.52	2.49	2.46	2.44	2.39	2.35	2.32	2.30	2.26	2.22	2.19	2.13	2.09	2.06	28
29	2.53	2.49	2.46	2.44	2.41	2.36	2.33	2.30	2.27	2.23	2.19	2.16	2.10	2.06	2.03	29
30	2.51	2.47	2.44	2.41	2.39	2.34	2.30	2.27	2.25	2.21	2.16	2.13	2.07	2.03	2.01	30
32	2.46	2.42	2.39	2.36	2.34	2.29	2.25	2.22	2.20	2.16	2.11	2.06	2.02	1.98	1.96	32
34	2.42	2.38	2.35	2.32	2.30	2.25	2.21	2.18	2.16	2.12	2.07	2.04	1.98	1.94	1.91	34
36	2.38	2.35	2.32	2.29	2.26	2.21	2.17	2.14	2.12	2.08	2.03	2.00	1.94	1.90	1.87	36
38	2.35	2.32	2.28	2.26	2.23	2.18	2.14	2.11	2.09	2.05	2.00	1.97	1.90	1.86	1.84	38
40	2.33	2.29	2.26	2.23	2.20	2.15	2.11	2.08	2.06	2.02	1.97	1.94	1.87	1.83	1.80	40
42	2.30	2.26	2.23	2.20	2.18	2.13	2.09	2.06	2.03	1.99	1.94	1.91	1.85	1.80	1.78	42
44	2.28	2.24	2.21	2.18	2.15	2.10	2.06	2.03	2.01	1.97	1.92	1.89	1.82	1.78	1.75	44
46	2.26	2.22	2.19	2.16	2.13	2.08	2.04	2.01	1.99	1.95	1.90	1.86	1.80	1.75	1.73	46
48	2.24	2.20	2.17	2.14	2.12	2.06	2.02	1.99	1.97	1.93	1.88	1.84	1.78	1.73	1.70	48
50	2.22	2.18	2.15	2.12	2.10	2.05	2.01	1.97	1.95	1.91	1.86	1.82	1.76	1.71	1.68	50
60	2.15	2.12	2.08	2.05	2.03	1.98	1.94	1.90	1.88	1.84	1.78	1.75	1.68	1.63	1.60	60
80	2.07	2.03	2.00	1.97	1.94	1.89	1.85	1.81	1.79	1.75	1.69	1.66	1.58	1.53	1.49	80
100	2.02	1.98	1.94	1.92	1.89	1.84	1.80	1.76	1.73	1.69	1.63	1.60	1.52	1.47	1.43	100
125	1.98	1.94	1.91	1.88	1.85	1.80	1.76	1.72	1.69	1.65	1.59	1.55	1.47	1.41	1.37	125
150	1.96	1.92	1.88	1.85	1.83	1.77	1.73	1.69	1.66	1.62	1.56	1.52	1.43	1.38	1.33	150
200	1.93	1.89	1.85	1.82	1.79	1.74	1.69	1.66	1.63	1.58	1.52	1.48	1.69	1.33	1.28	200
300	1.89	1.85	1.82	1.79	1.76	1.71	1.66	1.62	1.59	1.55	1.48	1.44	1.35	1.28	1.22	300
500	1.87	1.83	1.79	1.76	1.74	1.68	1.63	1.60	1.56	1.52	1.45	1.41	1.31	1.23	1.16	500
1 000	1.85	1.81	1.77	1.74	1.72	1.66	1.61	1.57	1.54	1.50	1.43	1.38	1.28	1.19	1.11	1 000
∞	1.83	1.79	1.76	1.72	1.70	1.64	1.59	1.55	1.52	1.47	1.40	1.36	1.25	1.15	1.00	∞

参考答案

第1章

练习1.1

1. (1) $U=\{正正,正反,反正,反反\}$
   (2) $U=\{白白,白红,红白,红红\}$
   (3) $U=\{3,4,5,6,7,8,9,10\}$
   (4) $U=\{t>0\}$

2. (1),(2),(3),(5)都是随机事件,(4)不是随机事件.

3. (1) A,B 至少有一个发生 (2) A,B 都发生 (3) A 发生而 B 不发生 (4) A 发生而 B 不发生 (5) A,B 都不发生 (6) A,B 中恰有一个发生(或只有一个发生)

4. (1) $A+B+C$ (2) $\overline{A}B\overline{C}+\overline{A}\overline{B}C+A\overline{B}\overline{C}$ (3) $A\overline{B}\overline{C}+\overline{A}B\overline{C}+\overline{A}\overline{B}C+\overline{A}\overline{B}\overline{C}$ (4) $AB\overline{C}+A\overline{B}C+\overline{A}BC+ABC$ 或 $AB+BC+AC$ (5) $\overline{ABC}$ 或 $\overline{A}+\overline{B}+\overline{C}$ (6) $\overline{A}\overline{B}C$

练习1.2

1. $0.25, 0.25, 0.5$

2. (1) 0 (2) $\dfrac{1}{9}$ (3) $\dfrac{1}{36}$ (4) $\dfrac{1}{12}$ (5) $\dfrac{35}{36}$

3. $\dfrac{3}{4}$

4. (1) 0.7696 (2) 0.018

5. (1) 0.3024 (2) 0.3277 (3) 0.0729

6. (1) $\dfrac{2}{5}$ (2) $\dfrac{9}{10}$

练习1.3

1. 0.8

2. 0.146

3. $0.2255, 0.9998$

4. (1)0.87　(2)0.945 7　(3)0.915 9

5. $\dfrac{1}{4},\dfrac{7}{12},\dfrac{3}{4}$

6. (1)0.36　(2)0.3

7. 0.950 6

8. 0.865

练习1.4

1. (1)0.56　(2)0.94　(3)0.38

2. 0.512,0.992

3. (1)0.409 6　(2)0.737 3

4. 0.051 2,0.057 9

5. 0.167 8

6. 0.096 9

习题1

1. $U=\{(AB,0,0),(A,B,0),(A,0,B),(B,A,0),(0,AB,0),(0,A,B),(B,0,A),(0,B,A),(0,0,AB)\}$, $\dfrac{4}{9},\dfrac{2}{3}$

2. (1)0.5　(2)0.33　(3)0.16

3. $\dfrac{1}{105}$

4. (1)0.255　(2)0.509　(3)0.745　(4)0.273

5. 0.201

6. 0.77

7. $\dfrac{4}{7},\dfrac{2}{7},\dfrac{1}{7}$

8. $\dfrac{2}{9}$

9. 0.384

10. 0.342

11. 0.193

12. 0.343

13. 0.078

14. 0.039,0.000 6,4×10^{-6},10^{-8}

15. 0.407

16. 略

自我测试题

一、填空题

1. $\dfrac{2}{5}$

2. $1-\dfrac{P_n^r}{n^r}$

3. $\dfrac{1}{16}, \dfrac{3}{8}$

4. $0.8, 0.3$

5. $P(A)$

6. $1-p$

7. $p+q-pq$

8. $\dfrac{C_{13}^5 C_{13}^4 C_{13}^3 C_{13}^1}{C_{52}^{13}}$

9. $0, P(B)$

10. $0.65, 0.3$

二、选择题

1. B 2. C 3. A 4. D 5. D 6. B 7. C 8. B

三、计算与证明题

1. A,C,E 是随机事件，D 是必然事件，B 是不可能事件，它们之间的关系为：$B \subset A, C, E \subset D, A \subset C, AE = \varnothing$

2. (1) $A-B-C$ (2) $\overline{ABC}$ 或 $\overline{A}+\overline{B}+\overline{C}$ (3) $\overline{ABC}$
   (4) $\overline{A}\,\overline{B}+\overline{A}\,\overline{C}+\overline{B}\,\overline{C}$ (5) $AB+AC+BC$

3. (1) 0.318 (2) 0.637

4. $\dfrac{5}{33}$

5. $\dfrac{55}{96}$

6. (1) $\dfrac{1}{5}$ (2) $\dfrac{2}{5}$

7. 0.23

8. 略

9. $\dfrac{3}{5}$

10. 0.2

11. (1) 0.612 (2) 0.997 (3) 0.941

12. $\dfrac{7}{72}$

第 2 章

练习 2.1

1. $X \sim \begin{bmatrix} 1 & 2 & \cdots & n & \cdots \\ p & (1-p)p & \cdots & (1-p)^{n-1}p & \cdots \end{bmatrix}$

2. $0.87, 0.72, 0.7$

3. $\dfrac{1}{b-a}, \dfrac{1}{2}$

4. $\dfrac{1}{4}, \dfrac{15}{16}$

5. $F(x) = \begin{cases} 0, & x<0 \\ 0.3, & 0 \leqslant x < 1 \\ 1, & x \geqslant 1 \end{cases}$

6. $F(x) = \begin{cases} 0, & x<0 \\ x_1, & 0 \leqslant x \leqslant 1 \\ 1, & x > 1 \end{cases}$

7. $Y \sim \begin{bmatrix} 5 & 7 & 13 \\ 0.2 & 0.5 & 0.3 \end{bmatrix}$

练习 2.2

1. $11, 33$

2. $\dfrac{2}{3}, \dfrac{1}{18}$

3. (1) 1 (2) $\dfrac{3}{4}, \dfrac{1}{30}$

4. $27, 8.4$

5. $\dfrac{a+b}{2}, \dfrac{\pi}{12}(a^2+ab+b^2)$

6. $0, 1$

练习 2.3

1. $X \sim \begin{bmatrix} 0 & 1 & 2 & 3 & 4 \\ \dfrac{1}{16} & \dfrac{1}{4} & \dfrac{3}{8} & \dfrac{1}{4} & \dfrac{1}{16} \end{bmatrix}$

2. $0.007\ 125$

3. (1) $0.819\ 2$ (2) $0.998\ 4$

4. λ, λ

5. (1) $\dfrac{1}{12}(b-a)^2$ (2) $\dfrac{1}{3}$

6. $\dfrac{1}{\lambda},\dfrac{1}{\lambda^2}$

7. (1) 0.993 2 (2) 0.022 8 (3) 0.84 (4) 0.954 4

8. (1) 0.816 4 (2) 0.952 5

9. (1) 0.866 4 (2) 0.392

10. (1) 2.33 (2) 2.75

练习 2.4

1. (1) 2 (2) $\dfrac{1}{4}$

2. $np, np(1-p)$

3. $\mu, \dfrac{\sigma^2}{n}$

4. $\displaystyle\int_{-\infty}^{+\infty} f(x,y)\mathrm{d}y$

5. 85

6. $\dfrac{7}{6}, \dfrac{11}{36}, -\dfrac{1}{36}, -\dfrac{1}{11}, \dfrac{5}{9}$

练习 2.5

1. 0.975

2. (1) 可以使用大数定律 (2) 35 (3) 0.682 6

习题 2

1. $X \sim \begin{bmatrix} 0 & 1 & 2 & 3 \\ (1-p)^3 & 3p(1-p)^2 & 3p^2(1-p) & p^3 \end{bmatrix}$

2. $1, 0.5, F(x)=\begin{cases} 0, & x<-1 \\ 0.2, & -1\leqslant x<0 \\ 0.5, & 0\leqslant x<1 \\ 1, & x\geqslant 1 \end{cases}$

3. $\dfrac{1}{27}, \dfrac{7}{8}$

4. $0.3, 0.61$

5. $\dfrac{4}{5}, \dfrac{2}{75}$

6. $X \sim \begin{bmatrix} 0 & 1 & 2 & 3 & 4 \\ \dfrac{5^4}{6^4} & \dfrac{5^3}{6^4} & \dfrac{5^2}{6^4} & \dfrac{5}{6^4} & \dfrac{1}{6^4} \end{bmatrix}$

7. (1) $\dfrac{1}{2}$　(2) 0.158 7　(3) 0.818 5　(4) 0.997 4

8. (1) 0.818 5　(2) 0.841 3

自我测试题

一、填空题

1. $F'(x)$

2. $F(x)=\begin{cases} 0, & x>0 \\ x, & 0\leqslant x\leqslant 1 \\ 1, & 1<x \end{cases}$

3. 6

4. 0.997 3

5. 不相关

6. 协方差

二、选择题

1. A　2. A　3. B　4. D　5. D　6. C

三、计算与证明题

1. $\begin{bmatrix} 2 & 3 & 4 & 5 & 6 & 7 & 8 & 9 & 10 & 11 & 12 \\ \dfrac{1}{36} & \dfrac{1}{18} & \dfrac{1}{12} & \dfrac{1}{9} & \dfrac{5}{36} & \dfrac{1}{6} & \dfrac{5}{36} & \dfrac{1}{9} & \dfrac{1}{12} & \dfrac{1}{18} & \dfrac{1}{36} \end{bmatrix}$

2. (1) 2　(2) $\dfrac{1}{e^6}$

3. (1) $\begin{bmatrix} 3 & 4 & 5 \\ \dfrac{1}{10} & \dfrac{3}{10} & \dfrac{6}{10} \end{bmatrix}$　(2) $F(x)=\begin{cases} 0, & x>3 \\ \dfrac{1}{10}, & 3\leqslant x<4 \\ \dfrac{2}{5}, & 4\leqslant x<5 \\ 1, & 5\leqslant x \end{cases}$　(3) $\dfrac{9}{2}, \dfrac{9}{20}$

4. (1) 0.819 2　(2) 0.998 4

5. (1) 0.816 4　(2) 0.952 5

6. 略

7. 略

第3章

练习3.1

1. 除 $\sum x_i^2/\sigma^2$ 不是统计量外,其余都是统计量

2. $\bar{x}=3.6, s^2=2.88$

3. (1)除 x_3+p 外,其余都是统计量 (2)样本均值 $\frac{3}{5}p$,样本方差 $\frac{6}{25}p^2$

练习 3.2

1. 0.83

2. (1)0.125 (2)0.10

3. 0.10

练习 3.3

1. 略

2. $\hat{n}=\frac{\bar{x}^2}{\bar{x}-s^2}, \hat{p}=\frac{\bar{x}-s^2}{\bar{x}}$

3. $L(x_1, x_2, x_3)=\left(\frac{1}{\sigma\sqrt{2\pi}}\right)^3 e^{-\sum_{i=1}^{3}\frac{1}{2\sigma^2}(x_i-\mu)^2}, \hat{\sigma}^2=0.003$

4. $\hat{\theta}=\bar{x}$

练习 3.4

1. 置信区间 $[\hat{\theta}_1, \hat{\theta}_2]$ 包含真值 θ 的概率是 $100(1-\alpha)\%$

2. $P\left\{\frac{2s\lambda}{\sqrt{n}}\leqslant\sigma\right\}$,其中 λ 查 t 分布表 $t(n-1,2)$, $s=\frac{1}{n-1}\sum_{i=1}^{n}(x_i-\bar{x})^2$

3. (1) $\hat{\mu}=110, \hat{\sigma}=1.37$ (2)[107.85, 111.15]

4. [8.33%, 8.43%], [2.9×10^{-4}, 0.0125]

5. (1)[2.121, 2.129] (2)[2.117, 2.133]

练习 3.5

1. 零假设 $H_0: \mu=20$ 不成立

2. 能认为这批钢筋的冷拉断力为 575 N

3. 不能认为这批零件的长度尺寸是 32.50 mm

4. 在显著水平 0.05 下确定这批元件不合格

5. 按照 $\alpha=0.05$ 的检验水平检验该批罐头,Vc 含量不合格

6. 该日打包机工作正常

练习 3.6

1. $\hat{y}=13.953+12.557x$,显著

2. $\hat{y}=329.0860-136.9896x$,显著

3. $\hat{y}=4+2x$,显著

4. $\hat{y}=2+x$,显著

5. 略

习题 3

1. (1) $U = \dfrac{\overline{x} - \mu_0}{\sigma_0/\sqrt{n}}$

   (2) $T = \dfrac{\overline{x} - \mu_0}{s/\sqrt{n}}$, $\chi^2 = \dfrac{s^2}{\sigma_0^2/(n-1)}$

   (3) "弃真"错误(或"第一类错误")

2. (1) D (2) D (3) A (4) B

3. 3.12, 0.067

4. $-\dfrac{n}{\ln(x_1 x_2 \cdots x_n)}$, 1.42

5. (1) [2 878.05, 3 235.29] (2) [2 862.09, 3 251.25]

自我测试题

一、填空题

1. 独立同总体分布,有放回的重复

2. 不含未知参数的样本函数

3. 参数估计,假设检验,矩估计,最大似然估计

4. 无偏性,有效性

5. $\left(\overline{x} - t_\alpha(n-1)\dfrac{s}{\sqrt{n}}, \overline{x} + t_\alpha(n-1)\dfrac{s}{\sqrt{n}}\right)$, $\left(\dfrac{(n-1)s^2}{\chi^2_{\alpha/2}(n-1)}, \dfrac{(n-1)s^2}{\chi^2_{1-\alpha/2}(n-1)}\right)$

二、选择题

1. A 2. B 3. D 4. B 5. B

三、计算题

1. $\dfrac{1}{1-\overline{x}}$, $-1 - \dfrac{n}{\ln(x_1 x_2 \cdots x_n)}$

2. [11.40, 14.60]

3. 没有显著差异